Hanane Kaddouri

Réduction du pouvoir allergénique du lait bovin

AF209786

Hanane Kaddouri

Réduction du pouvoir allergénique du lait bovin

Utilisation de deux traitements technologiques: les micro-ondes et le rayonnement gamma

Presses Académiques Francophones

Impressum / Mentions légales

Bibliografische Information der Deutschen Nationalbibliothek: Die Deutsche Nationalbibliothek verzeichnet diese Publikation in der Deutschen Nationalbibliografie; detaillierte bibliografische Daten sind im Internet über http://dnb.d-nb.de abrufbar.
Alle in diesem Buch genannten Marken und Produktnamen unterliegen warenzeichen-, marken- oder patentrechtlichem Schutz bzw. sind Warenzeichen oder eingetragene Warenzeichen der jeweiligen Inhaber. Die Wiedergabe von Marken, Produktnamen, Gebrauchsnamen, Handelsnamen, Warenbezeichnungen u.s.w. in diesem Werk berechtigt auch ohne besondere Kennzeichnung nicht zu der Annahme, dass solche Namen im Sinne der Warenzeichen- und Markenschutzgesetzgebung als frei zu betrachten wären und daher von jedermann benutzt werden dürften.

Information bibliographique publiée par la Deutsche Nationalbibliothek: La Deutsche Nationalbibliothek inscrit cette publication à la Deutsche Nationalbibliografie; des données bibliographiques détaillées sont disponibles sur internet à l'adresse http://dnb.d-nb.de.
Toutes marques et noms de produits mentionnés dans ce livre demeurent sous la protection des marques, des marques déposées et des brevets, et sont des marques ou des marques déposées de leurs détenteurs respectifs. L'utilisation des marques, noms de produits, noms communs, noms commerciaux, descriptions de produits, etc, même sans qu'ils soient mentionnés de façon particulière dans ce livre ne signifie en aucune façon que ces noms peuvent être utilisés sans restriction à l'égard de la législation pour la protection des marques et des marques déposées et pourraient donc être utilisés par quiconque.

Coverbild / Photo de couverture: www.ingimage.com

Verlag / Editeur:
Presses Académiques Francophones
ist ein Imprint der / est une marque déposée de
OmniScriptum GmbH & Co. KG
Heinrich-Böcking-Str. 6-8, 66121 Saarbrücken, Deutschland / Allemagne
Email: info@presses-academiques.com

Herstellung: siehe letzte Seite /
Impression: voir la dernière page
ISBN: 978-3-8416-2485-7

"Imagination is more important than knowledge. Knowledge is limited. Imagination encircles the world."

Albert Einstein (1879-1955)

Avant-propos

Ce travail a été réalisé au laboratoire de Physiologie de la Nutrition et de Sécurité Alimentaire (Département de Biologie, Faculté des Sciences, Université d'Oran Es-Sénia) sous la direction de Mr Djamel Saidi, Professeur de Physiologie à l'Université d'Oran. Je le remercie pour ses précieux conseils, la confiance et le temps qu'il m'a accordé. Ses encouragements ont été une des clés de la construction de cette thèse. Qu'il trouve ici l'expression de ma gratitude et mon profond respect.

J'exprime mes vifs remerciements à Mr Omar Khéroua, Professeur de Physiologie à l'Université d'Oran et Président du comité Scientifique du Département de Biologie qui a bien accepté de présider ce jury.

Je suis sensible à l'honneur que me fait Mr Mahmoud Touhami, Professeur de Pédiatrie, responsable de la Clinique A. Cabral (CHU Oran) d'avoir accepté de juger ce travail.

Je tiens à remercier tout particulièrement Mr Ghalem Selselet-Attou Professeur à l'Université de Mostaganem d'avoir accepté de juger ce travail.

Je remercie vivement Mr Abdelkader Aoues, Professeur à l'Université d'Oran qui me fait l'honneur d'examiner et de juger ce travail.

Je remercie toute l'équipe du Centre de Recherche Nucléaire d'Alger (CRNA). Mes remerciements vont aussi à l'équipe du Laboratoire de Physiologie de la Nutrition et du Comportement Alimentaire à l'UMR INRA/INA-PG. Mes pensées vont plus particulièrement au Professeur Daniel Tomé (Directeur de l'unité) et à Mr Michel Dubarry.

Je remercie les étudiants que j'ai co-encadrés en Magister et qui ont contribué à ce travail: Mimoun S, El Mecherfi K. et Négaoui H.

Mes remerciements s'adressent à toute l'équipe du laboratoire de Physiologie de la Nutrition et de Sécurité Alimentaire: Mr Khaled Naaman, Mr Chekroun, Mr Mezmaze, Mme Benounane, et Mme Houdjaj. Enfin, j'adresse mes vifs remerciements à Mme Amina Fala pour son aide et ses encouragements.

SOMMAIRE

Citation…………………………………………………………… i

Avant-propos……………………………………………………… iii

Sommaire………………………………………………………… v

Résumé en français……………………………………………… xi

Résumé en anglais……………………………………………… xiii

Abréviations……………………………………………………… xv

Liste des figures et des tableaux…………………………………… xvii

INTRODUCTION GENERALE……………………………………. 1

RAPPELS BIBLIOGRAPHIQUES……………………………... 7
1. Le lait de vache…………………………………………………. 9
1.1. Composition du lait de vache …………………………………. 9
1.2. Les protéines du lait de vache…………………………………. 11
1.2.1. Les caséines…………………………………………… 11
1.2.2. Les protéines du lactosérum…………………………… 12
1.2.2.1. La β-lactoglobuline…………………………… 12
1.2.2.2. L'α-lactalbumine …………………………… 15
1.3. Valeur nutritionnelle des protéines du lait de vache………… 16
1.4. Propriétés fonctionnelles des protéines de lait de vache…….. 17
1.5. Propriétés allergéniques des protéines de lait de vache …..… 20

2. Interaction des antigènes alimentaire avec le tractus intestinal….. 23
2.1. Description du système lymphoïde associé à l'intestin……… 23
2.1.1. Les cellules effectrices………………………………… 27
2.1.1.1. Les cellules M……………………………… 27
2.1.1.2. Les entérocytes……………………………… 28
2.1.1.3. Les cellules présentatrices d'antigène……………… 28
2.1.1.4. Les cellules T γδ…………………………… 29
2.1.1.5. Les mastocytes……………………………… 30
2.1.1.6. Les éosinophiles…………………………… 31
2.2. Réponse immune aux antigènes alimentaires……………… 32
2.2.1. Tolérance orale………………………………………… 32
2.2.3. Allergie alimentaire…………………………………... 35

3. Allergie aux protéines du lait de vache…………………………. 36
3.1. Manifestations cliniques …………………………………... 37
3.2. Mécanisme physiopathologique de l'APLV………………… 37
3.2.1. Phase de sensibilisation……………………………….. 38

v

3.2.2. Phase de déclenchement de la réaction allergique 42
   3.2.2.1. Réaction immédiate (Type I)........................... 43
   3.2.2.2. Réaction semi-retardée (Type III) 45
   3.2.2.3. Hypersensibilité retardée (Type IV) 45

4. Fonction intestinale et APLV................................. 47
  4.1. Rappel anatomique de l'intestin grêle........................... 47
  4.2. Fonction d'absorption et de sécrétion de l'eau et des
     électrolytes 47
    4.2.1. Perméabilité à l'eau et aux électrolytes.................... 48
     4.2.1.1. Absorption de l'eau et des électrolytes.............. 50
      4.2.1.1.1. Absorption dépendante des nutriments...... 51
      4.2.1.1.2. Absorption indépendante des nutriments...... 51
     4.2.1.2. Sécrétion de l'eau et des électrolytes.…............... 53
    4.2.2. Perméabilité intestinale aux macromolécules.............. 53
    4.3. Altération de la fonction d'absorption et de sécrétion
     intestinale au cours de l'APLV.............................. 55

5. Mesures préventives et thérapeutique au cours de l'APLV...... 57
  5.1. Prévention de l'APLV.................................... 57
  5.2. Traitement de l'APLV chez les nourrissons atopiques......... 58
  5.3. Formules lactées hydrolysées............................ 59
  5.4. Effets du traitement technologique sur les allergènes du LV . 60
    5.4.1. Effets de l'hydrolyse enzymatique 61
    5.4.2. Effets du chauffage conventionnel...................... 63
    5.4.3. Effets du chauffage par micro-ondes 65
    5.4.4. Effets du traitement aux rayons gamma 67

MATERIEL ET METHODES........................... 71
1. Animaux 73
  1.1. Lapins.. 73
  1.2. Souris.. 73
2. Protéines du lait et réactifs.............................. 73
  2.1. Fractions pures des protéines.......................... 73
  2.2. Obtention des protéines du lactosérum.................. 74
3. Traitements technologiques du lait......................... 74
  3.1. Chauffage aux micro-ondes............................ 74
    3.1.1. Constitution des échantillons expérimentaux 74
    3.1.2. Protocole de traitement aux micro-ondes............... 74
  3.2. Irradiation aux rayons gamma 76
    3.2.1. Constitution des échantillons à irradier................. 76
    3.2.2. Protocole d'irradiation............................... 78

3.2.2.1. Conception d'une installation d'irradiation 78

3.2.2.2. Principe de fonctionnement............................ 78

3.2.3. Irradiation des échantillons................................ 80

3.2.3.1. Lait et lactosérum non lyophilisés.................... 80

3.2.3.2. Lait et lactosérum lyophilisé.......................... 80

4. Analyses biochimiques.. 81

4.1. Electrophorèse sur gel de polyacrylamide en présence de SDS.. 81

4.1.1. Principe.. 81

4.1.2. Matériels.. 81

4.1.3. Mode opératoire.. 82

4.2. Dosage des protéines du lait selon la méthode de Lowry et al., 1951.. 82

4.2.1. Principe.. 82

4.2.2. Matériels.. 82

4.2.3. Dosage des protéines.................................... 85

5. Production des anticorps.. 85

5.1. Sensibilisation des lapins aux PLV 85

5.2. Adjuvants complet et incomplet de Freund.................. 85

5.3. Protocole de sensibilisation................................... 87

5.4. Obtention des sérums.. 87

5.5. Titrage des IgG sériques par la méthode ELISA............. 88

5.5.1. Principe de la méthode ELISA........................ 88

5.5.2. Matériels.. 88

5.5.3. Procédure... 89

6. Réactivité des laits traités vis-à-vis des IgG anti β-Lg et anti α-La …... 91

7. Mise en place d'un modèle murin d'allergie aux PLV 91

7.1. Immunisation des souris....................................... 92

7.1.1. Constitution des groupes expérimentaux................. 92

7.1.2. Hydroxyde d'aluminium................................ 92

7.1.3. Protocole d'immunisation.............................. 92

7.1.4. Obtention des sérums 93

7.1.5. Dosage des IgG totales, IgE, IgG1 et IgG2a sériques … 93

7.1.5.1. Matériels.. 93

7.1.5.2. Procédure 94

8. Expérimentation sur l'intestin isolé en Chambre de Ussing...... 97

vii

8.1. Principe de la technique.. 97

8.2. Montage de l'intestin de souris en chambre de Ussing 98

9. Méthodes statistiques... 100

RESULTATS.. 103

1. Dosage des protéines totales des laits et des lactosérums natifs ... 105

2. Effets des traitements micro-ondes et aux rayons gamma sur la

composition protéique du lait.. 105

2.1. Profils électrophorétiques des laits et lactosérums traités aux

micro-ondes.. 106

2.2. Profils électrophorétiques des laits traités aux rayons gamma 110

3. Etude de l'antigénicité des PLV traités aux micro-ondes et aux

rayons gamma.. 110

3.1. Titres sériques en IgG anti β-Lg et anti α-La obtenus chez

le lapin après immunisation 115

3.2. Réactivité du lait et du lactosérum traités aux micro-ondes 115

3.3. Réactivité du lait et du lactosérum traités aux rayons

gamma... 120

4. Effets des traitements aux micro-ondes et aux rayons gamma sur

l'allergénicité des PLV.. 128

4.1. Mise en place d'un modèle d'allergie aux PLV à partir de

la souris Balb/c... 128

4.1.1. Réponse systémique: Production des anticorps de type

IgG, IgE, IgG1 et IgG.. 128

4.1.2. Analyse de la réponse immune des souris à partir du

Rapport IgG1/IgG2a.. 134

4.2. Tests de provocation anaphylactique aux PLV: Etude in

vitro en Chambre de Ussing.. 134

4.2.1. Effets des protéines sur l'Isc................................ 135

4.2.1.1. Effets de β-Lg et du lactosérum..................... 135

4.2.1.2. Effet de l'ovalbumine.............................. 137

4.2.2. Effets des protéines sur la DDP........................... 137

4.2.3. Effets des protéines sur la conductance................. 137

4.2.4. Effet du furosémide....................................... 140

4.2.5. Effet du glucose 144

4.3. Mesure de l'allergénicité des lactosérums issus du lait

traité aux micro-ondes ou aux rayons gamma................. 144

4.3.1. Effets des lactosérums issus de lait traité aux micro-

ondes sur les fragments intestinaux de souris

immunisées à la β-Lg ou au lactosérum.............. 145

viii

4.3.1.1. Effet sur l'Isc…………………..……………... 145

4.3.1.2. Effet sur la DDP……………………..………… 145

4.3.1.3. Effet sur la conductance………………..……..…. 150

4.3.2. Effets des lactosérums issus du lait traité aux rayons
gamma sur les fragments jéjunaux de souris
immunisées à la β-Lg ou au lactosérum……………. 150

4.3.2.1. Effet sur l'Isc………………………………… 150

4.3.2.2. Effet sur la DDP………………………………. 154

4.3.2.3. Effet sur la conductance……………………… 154

DISCUSSION……………………………………………………... 161

CONCLUSION…………………………………………………… 177

REFERENCES BIBLIOGRAPHIQUES…………………….….. 183

Résumé

Les formules lactées hypoallergéniques utilisées dans la prise en charge des enfants allergiques aux protéines du lait de vache (APLV) conservent le plus souvent un potentiel allergisant résiduel non négligeable. L'idéal est donc l'utilisation de procédés technologiques permettant l'obtention d'un produit lacté pouvant être utilisé sans risque chez les nourrissons APLV.

Le but de ce travail est d'évaluer les effets de traitements aux micro-ondes et aux rayons gamma sur la réduction de l'antigénicité et de l'allergénicité des protéines du lait de vache (PLV).

Du lait de vache fraîchement collecté de fermes locales des régions d'Oran et d'Alger est écrémé et aliquoté. Une première série de lots comprenant du lait et du lactosérum est soumise à l'action des micro-ondes à 300 ou 400 watts pendant des durées de 10, 15 et 20 minutes pour chaque puissance utilisée. Une deuxième partie est traitée à 500, 600 et 700 watts mais seulement pendant 10 minutes pour chaque niveau de puissance. L'irradiation aux rayons gamma (CRNA) est appliquée sous air et à température ambiante aux doses de 3, 5 et 10 kGy à des échantillons de lait et de lactosérum liquides ou lyophilisés.

Une analyse des protéines par une életrophorèse SDS-PAGE est effectuée sur les différents échantillons utilisés. L'antigénicité résiduelle des protéines traitées aux micro-ondes ou aux rayons gamma est évaluée par la méthode ELISA par la mesure de leur réactivité vis-à-vis des IgG anti β-Lg et anti α-La produites chez les lapins. L'allergénicité est étudiée par des tests de provocation in vitro en chambre de Ussing sur des fragments jéjunaux de souris Balb/c rendues allergiques aux PLV.

Les résultats obtenus ont montré que les micro-ondes entraînent une forte atténuation des bandes protéiques du lait, mais restent sans effet marqué sur celles-ci, lorsque le traitement est appliqué directement au lactosérum. De même, l'irradiation aux rayonnements gamma nc modifie pas la composition des protéines du lait qui conservent des propriétés de mobilité électrophorétique similaires à celles des protéines des échantillons témoins.

Lorsque les micro-ondes sont appliquées à des faibles puissances (300 ou 400 watts) pendant des temps longs (15 ou 20 min) ou à des puissances plus élevées (600 ou 700 watts) mais à des durées plus courtes (10 min), elles réduisent significativement la réactivité des PLV vis-à-vis des IgG anti β-Lg et anti α-La. A l'inverse, l'irradiation du lactosérum lyophilisé aux rayons gamma à 10 kGy semble augmenter significativement l'immunogénicité des protéines. Cependant, aux doses de

3 et 5 kGy, aucun effet significatif n'est obtenu, quelque soit la forme du lait testé.

Les souris Balb/c immunisées à la β-Lg et au lactosérum montrent une réponse très significative en anticorps sériques: IgG totales, IgG1, IgG2a et IgE avec un rapport IgG1/IgG2a > 1. Cette prédominance des IgG1 et la présence des IgE traduisent une réponse de type Th2. D'autre part, en chambre de Ussing, la stimulation des fragments jéjunaux par les antigènes sensibilisants stimule significativement (p<0,05) le courant de court circuit (Isc) assimilé à un courant de Cl⁻ car inhibé par le furosémide à la [C] de 10^{-5} M. En même temps, une augmentation significative (P<0,01 pour la β-Lg et p<0,05 pour le lactosérum) de la conductance (G) des tissus est observée suggérant une atteinte des jonctions cellulaires par l'action délétère de médiateurs locaux de l'inflammation libérés par les cellules du système immunitaire associé au tube digestif des souris immunisées. L'ensemble de ces résultats nous autorise à conclure que la souris Balb/c constitue un modèle valide d'allergie aux PLV.

Les protéines du lactosérum traité aux micro-ondes à 700 watts pendant 10 min ou au rayonnement gamma à 5 kGy diminuent significativement l'Isc et la conductance G des tissus des souris immunisées à la β-Lg, indiquant une absence d'anaphylaxie locale en chambre de Ussing. En revanche, sous l'effet du lactosérum traité à 300 watts pendant 20 min, l'Isc et la conductance sont significativement stimulés, traduisant une persistance de l'allergénicité des PLV. A 10 kGy, l'Isc et la conductance des tissus sont encore plus significativement stimulés, signifiant une augmentation de l'allergénicité des protéines. Cet effet est probablement le résultat de l'apparition de nouveaux épitopes immunogènes démasqués par l'action des rayons gamma appliqués à cette dose.

En conclusion, le chauffage du lait par les micro-ondes ou l'irradiation par le rayonnement gamma sont susceptibles de réduire significativement l'antigénicité et l'allergénicité des protéines lorsque ces traitements sont appliqués à certains niveaux de puissances et de durées. En revanche, à des doses élevées, l'irradiation gamma augmente l'immunoréactivité des PLV.

Mots clés : APLV- Antigénicité- Allergénicité- Micro-ondes- rayonnement gamma- Souris Balb/c- Chambre de Ussing.

Summary

The hypoallergenic formulae used in the treatment of allergic children to cow's milk proteins (CMP) preserve a considerable residual allergenic potential. Thus, the ideal is the application of technological processes able to obtain lacteous product suitable to use in allergic subject without any risk. The goal of this work is to evaluate the effect of treatments to the microwaves or the gamma rays on the reduction on cow's milk proteins antigenicity and allergenicity.

Cow's milk freshly collected of local farms of the areas of Oran and Algiers is skimmed and aliquoted. A first series of batches including the milk and the whey is subject to the action of the microwaves at 300 or 400 watts during 10, 15 and 20 min for each power used. A second part of the samples is treated at 500, 600 and 700 watts but only during 10 min, for each level of power. The irradiation with the gamma rays (CRNA) is applied under air and at ambient temperature with the dose of 3, 5 and 10 kGy on freeze-dried or liquid whey and milk samples.

Analysis proteins by SDS-PAGE electrophoresis is carried out on the various samples used. The residual antigenicity of proteins treated with the microwaves or the gamma rays is evaluated by ELISA by measurement of their reactivity with anti α-La and anti β-Lg antibodies produced in rabbits. The allergenicity is studied by in vitro provocation tests in Ussing chamber on jejunal fragments of Balb/c mice made allergic to CMA.

The results obtained showed that the microwaves induce a strong attenuation of the protein bands of milk, but remain without marked effect on those, when the treatment is applied directly to the whey. In the same way, the irradiation with the gamma radiation does not modify the milk protein composition which preserves mobility electrophoretic properties similar to those of the control protein.

When the microwaves are applied to low powers (300 or 400 watts) during long times (15 or 20 min) or to higher powers (600 or 700 watts) but to shorter duration (10 min), they significantly reduce the CMP reactivity. Contrary, the irradiation of freeze-dried whey with gamma rays at 10 kGy seems to increase significantly proteins antigenicity. However, at 3 and 5 kGy no significant effect is obtained.

Balb/c mice immunized with β-Lg and the whey show a very significant response in serum antibodies: total IgG, IgG1, IgG2a and IgE with and IgG1/IgG2a ratio >1. This IgG1 predominance and the presence of IgE translate a Th2 response. In addition, in Ussing chamber, the stimulation of the jejunal fragments by sensitizing antigens significantly ($p < 0.05$) stimulates the short-cicuit current (Isc) corresponding to Cl current which can be inhibited by the furosemide at [C] 10^{-5} M. At the same time, a significant (p<0,01 for β-Lg) and (p<0,05 for the whey) increase in the conductance (G) of tissues is observed suggesting an attack of the cellular junctions by the noxious action of local mediators released by the cells of the immune system associated to the digestive tract of the immunized mice. All these results permit us to conclude that the Balb/c mouse constitutes a valid model of allergy to CMP.

Whey proteins treated with the microwaves at 700 watts during 10 min or with the gamma radiation with 5 kGy significantly decrease the Isc and the conductance of tissues for immunized mice to β-Lg indicating the absence of local anaphylaxis in Ussing chamber. On the other hand, under the effect of whey treated at 300 watts during 20 min, the Isc and the conductance is significantly stimulated, translating a CMP allergenicity persistence. At 10 kGy, The Isc and the conductance of tissues are even more significantly stimulated, meaning increase in protein allergenicity. This effect is probably the result of the appearance of new immunogenic epitopes uncovered by the action of the gamma rays applied at this dose.

In conclusion, the heating of milk by microwaves or the irradiation by the gamma radiation is likely significantly to reduce protein antigenicity and allergenicity when these treatments are applied to certain level of powers and durations. On the other hand, with the high doses, gamma irradiation increases CMP reactivity.

Key words: CMP – Antigenicity – Allergenicity – Microwaves - Gamma rays- Balb/c mice - Ussing chamber.

ABREVIATIONS

ACF	: Adjuvant complet de Freund
Ag	: Antigène
AIF	: Adjuvant incomplet de Freund
Al(OH)$_3$	: Hydroxyde d'aluminium
APLV	: Allergie aux protéines du lait de vache
α-La	: Alpha-lactalbumine
β-Lg	: Beta-lactoglobuline
^{60}Co	: Cobalt 60
CRNA	: Centre de Recherche Nucléaire d'Alger
DDP	: Différence de potentiel
ELISA	: Enzyme linked Immuno Sorbent Assay
G	: Conductance
Gy	: Gray
INF-γ	: Interferon gamma
Ig	: Immunoglobuline
IL	: Interleukine
Isc	: Courant de court circuit
SDS-PAGE	: Electrophorèse sur gel de polyacrylamide en presence de Sodium Dodécyl Sulfate
Th	: Helper T cells
LS	: Lactosérum
OPD	: OrthoPhénylène Diamine
PLV	: Protéines du lait de vache
SAB	: Sérum Albumine Bovine
TNF-α	:Tumor Necrosis Factor alpha
WHO	: World Health Organisation

LISTES DES FIGURES ET DES TABLEAUX

1. Listes des figures

Figure 1. Représentation schématique des changements structuraux de la β-Lg en fonction du pH............. 13

Figure 2. Description schématique générale du système immunitaire associé à la muqueuse intestinale....... 23

Figure 3. Mécanisme de la tolérance orale 33

Figure 4. Représentation schématique de la polarisation des cellules Th1 et Th2 et de la sécrétion des cytokines… 39

Figure 5. Rôle du mastocyte dans les réactions allergiques..... 43

Figure 6. Bilan global des mouvements de l'eau et des électrolytes à travers le tube digestif.................. 48

Figure 7. Transport de l'eau et des électrolytes dans l'intestin grêle.. 51

Figure 8. Les voies majeures du transport ionique impliquées dans la régulation du mouvement du fluide dans l'intestin 53

Figure 9. Protocole de traitement du lait et du lactosérum aux micro-ondes.. 73

Figure 10. Représentation schématique de la répartition des échantillons de laits et de lactosérums et leur protocole d'irradiation 75

Figure 11. Schéma de l'irradiateur du CRNA.................... 77

Figure 12. Dispositif de la chambre de Ussing................. 99

Figure 13. SDS-PAGE des lactosérums natif et traité à 300 watts pendant 10, 15, et 20 mn.............................. 104

Figure 14. SDS-PAGE des lactosérums natif et traité à 400 watts pendant 10, 15, et 20 mn.............................. 105

Figure 15. SDS-PAGE des lactosérums natif et traité à 300, 400, 500, 600 et 700 watts pendant 10 mn............ 106

Figure 16. SDS-PAGE des laits natif et irradié à 3, 5 et 10 kGy.. 108

Figure 17. SDS-PAGE des laits en poudre natif et irradié à 3, 5 et 10 kGy.. 109

Figure 18. SDS-PAGE des lactosérums natif et irradié à 3, 5 et 10 kGy.. 110

Figure 19. SDS-PAGE des lactosérums en poudre natif et irradié à 3, 5 et 10 kGy.................................. 111

Figure 20. Titres en IgG anti β-Lg et anti α-La produits par le lapin... 113

Figure 21. Réactivité des lactosérums natifs et traités et issus du lait traité aux micro-ondes 300, 400, 500, 600, 700 watts pendant 10 mn vis-à-vis des IgG anti β-Lg.. 114

Figure 22. Réactivité des lactosérums natifs et traités et issus du lait traité aux micro-ondes 300 watts pendant 10, 15 et 20 mn vis-à-vis des IgG anti β-Lg......... 115

Figure 23. Réactivité des lactosérums natifs et traités et issus du lait traité aux micro-ondes 400 pendant 10, 15 et 20 mn vis-à-vis des IgG anti β-Lg 116

Figure 24. Réactivité des lactosérums natifs et traités et issus du lait traité aux micro-ondes 300, 400, 500, 600, 700 watts pendant 10 mn vis-à-vis des IgG anti α-La.. 118

Figure 25. Réactivité des lactosérums natifs et traités et issus du lait traité aux micro-ondes 300 watts pendant 10, 15 et 20 mn vis-à-vis des IgG anti α-La........ 119

Figure 26. Réactivité des lactosérums natifs et traités et issus du lait traité aux micro-ondes400 watts pendant

10, 15 et 20 mn vis-à-vis des IgG anti α-Lg …..… 120

Figure 27. Réactivité des laits liquide et en poudre natifs et traités aux rayons gamma à 3, 5 et 10 kGy vis-à-vis des IgG anti β-Lg ……………...…………. 121

Figure 28. Réactivité des lactosérums liquide et en poudre natifs et traités aux rayons gammaà 3, 5 et 10 kGy vis-à-vis des IgG anti β-Lg………………….. 122

Figure 29. Réactivité des laits liquide et en poudre natifs et traités aux rayons gamma à 3, 5 et 10 kGy vis-à-vis des IgG anti α-La…………………..….. 123

Figure 30. Réactivité des lactosérums liquide et en poudre natifs et traités aux rayons gamma à 3, 5 et 10 kGy vis-à-vis des IgG anti α-La………...………. 124

Figure 31. Titres en IgG anti β-Lg et anti lactosérum produits chez la souris…………………………………... 127

Figure 32. Titres en IgE anti β-Lg et anti lactosérum produits chez la souris…………………………………... 128

Figure 33. Titres en IgG1 anti β-Lg et anti lactosérum produits chez la souris……………………….……… 129

Figure 34. Titres en IgG2a anti β-Lg et anti lactosérum produits chez la souris…………………………… 130

Figure 35. Effet de la β-Lg ou du lactosérum sur l'Isc………. 133

Figure 36. Effet de l'ovalbumine sur l'Isc…………………. 135

Figure 37. Effet de la β-Lg ou du lactosérum sur la DDP…… 136

Figure 38. Effet de la β-Lg ou du lactosérum sur la Conductance…………………………………….. 138

Figure 39. Effet du furosémide sur l'Isc…………………... 140

xix

Figure 40. Effet des laits traités aux micro-ondes sur l'Isc des fragments jéjunaux de souris immunisées à la β-Lg... 143

Figure 41. Effet des laits traités aux micro-ondes sur l'Isc des fragments jéjunaux de souris immunisées au lactosérum..................................... 144

Figure 42. Effet des laits traités aux micro-ondes sur la DDP des fragments jéjunaux de souris immunisées à la β-Lg... 145

Figure 43. Effet des laits traités aux micro-ondes sur la DDP des fragments jéjunaux de souris immunisées au lactosérum.. 146

Figure 44. Effet des laits traités aux micro-ondes sur la conductance des fragments jéjunaux de souris immunisées à la β-Lg..........................……….. 148

Figure 45. Effet des laits traités aux micro-ondes sur la conductance des fragments jéjunaux de souris immunisées lactosérum.........................……….. 149

Figure 46. Effet des laits traités aux rayons gamma sur l'Isc des fragments jéjunaux de souris immunisées à la β-Lg...……... 150

Figure 47. Effet des laits traités aux rayons gamma sur l'Isc des fragments jéjunaux de souris immunisées à la β-Lg............................……………... 152

Figure 48. Effet des laits traités aux rayons gamma sur la DDP des fragments jéjunaux de souris immunisées à la β-Lg................................. 153

Figure 49. Effet des laits traités aux rayons gamma sur la DDP des fragments jéjunaux de souris immunisées au lactosérum............................ 154

Figure 50. Effet des laits traités aux rayons gamma sur la conductance des fragments jéjunaux de souris immunisées à la β-Lg…………...…………..   155

Figure 51. Effet des laits traités aux rayons gamma sur la conductance des fragments jéjunaux de souris immunisées à la β-Lg…………….…………..   156

2. Liste des tableaux

Tableau 1. Peptides bioactifs des protéines du lait ………….…   17

Tableau 2. Quelques exemples d'épitopes des protéines du lait de vache …………………………………..…   21

Tableau 3. Solution pour la préparation des gels de polyacrylamide – SDS…………………….…..……   81

Tableau 4. Composition du tampon d'échantillon…………….   81

Tableau 5. Composition du tampon de migration…………….   82

Tableau 6. Composition des solutions de coloration et de décoloration………………………………….…   82

Tableau 7. Composition des solutions utilisées pour le dosage des protéines selon la technique de Lowry et al., 1951………………………………...…………   84

Tableau 8. Composition des solutions et tampon utilisés pour le dosage des IgG par la méthode Elisa……..…….   88

Tableau 9. Composition du tampon phosphate salin (PBS) 10 M pH 7……………………………………......   94

Tableau 10. Composition des solutions tampons utilisées dans la technique Elisa…………….…………...   94

Tableau 11. Composition de la solution de Ringer………….…   97

Introduction

Introduction générale

Le lait de vache constitue une source nutritive exceptionnelle par la qualité de ses protéines, l'importance de sa teneur en calcium, en vitamines et constituants énergétiques. Les protéines du lait sont une source importante d'azote et d'acides aminés pour l'enfant et l'adulte. Elles sont généralement considérées comme des protéines de haute qualité nutritionnelle en raison de leur richesse en acides aminés essentiels et de leur bonne digestibilité. En outre, un autre aspect se rapporte à la présence d'activités fonctionnelles associées aux protéines du lait ou à des peptides issus de leur hydrolyse. La formulation de produits lactés adaptés aux nourrissons est une des applications nutritionnelles des protéines du lait. Ces formules constituent un substitut intéressant au lait maternel lorsque celui-ci est absent ou insuffisant.

Cependant, et dans certaines conditions, les protéines du lait de vache peuvent être une source de peptides biologiquement immunogènes. En effet, beaucoup d'enfants peuvent développer des réactions allergiques après l'ingestion de lait de vache (Host, 2002). Le traitement de l'allergie aux protéines du lait de vache consiste en l'éviction totale des protéines du lait dans l'alimentation de l'enfant (Dupont et De Boissieu, 2003). A défaut, il convient d'utiliser des formules dans lesquelles l'allergénicité des protéines a été réduite. Ces formules sont généralement obtenues par hydrolyse enzymatique seule ou combinée à un traitement thermique suivie de l'ultrafiltration (Host et al., 1999). Cependant, de nombreux accidents allergiques à ces hydrolysats ont été rapportés. Ceci pourrait être dû aux difficultés rencontrées dans l'évaluation de l'allergénicité résiduelle des formules dites hypoallergéniques (Restani et al., 1996; Niggemann et al., 2001). C'est pourquoi, il est important de savoir modifier les protéines du lait de vache et de savoir évaluer cette modification vis-à-vis du risque allergique.

Les recherches actuelles s'efforcent de trouver un traitement convenable qui permet l'élaboration de produits lactés avec le seuil de réduction de l'allergénicité désiré. Pour cela, différents traitements technologiques tels l'hydrolyse enzymatique, le traitement thermique, l'irradiation aux rayons gamma, la haute pression sont appliqués au lait. Le chauffage du lait par micro-ondes a été étudié et comparé au traitement thermique conventionnel. La littérature rapporte des taux de dénaturation protéique similaires avec les deux types de traitement (Villamiel et al., 1996a). Cependant, aux puissances élevées la dénaturation des protéines semble plus importante (Villamiel et al., 1996b). Ceci laisse suggérer que le chauffage par micro-ondes affecte les protéines différemment et que les effets sur l'allergénicité méritent d'être explorés.

Par ailleurs, l'irradiation des aliments est pratiquée couramment dans le domaine agroalimentaire, essentiellement dans un but de sécurité alimentaire (Farkas, 2006). Il a été montré que ce traitement peut entraîner des modifications structurales des protéines alimentaires irradiées (Gaber, 2005). Mais, ces changements peuvent-ils être corrélés avec des modifications du potentiel allergénique? Seules quelques recherches ont été menées sur l'évaluation de l'action du rayonnement gamma sur l'allergénicité des protéines du lait de vache (Lee et al., 2001). Même si les résultats obtenus indiquent une réduction de leur allergénicité, l'irradiation n'a été appliquée que sur des protéines à l'état pur. A l'heure actuelle, aucune donnée n'est rapportée sur l'aliment entier. Quand on sait que les effets du rayonnement gamma sont fortement influencés par la présence d'autres constituants, il nous parait donc très important d'évaluer l'effet de l'irradiation des allergènes présents dans l'aliment entier.

4

L'objectif général de ce travail est donc d'évaluer les effets de la réduction des potentiels antigéniques et allergéniques des protéines du lait de vache par deux traitements technologiques différents: les micro-ondes et le rayonnement gamma. L'étude de l'allergénicité nécessite au préalable la mise en place et la validation d'un modèle d'allergie au lait de vache, la souris Balb/c.

Rappels bibliographiques

1. Le lait de vache

Le lait est le produit naturel de la sécrétion de la glande mammaire. Son rôle premier est de satisfaire tous les besoins du nourrisson. Chez la plupart des espèces, la lactation est aussi vitale pour le succès de la reproduction que la production des gamètes et la fécondation, car l'échec de ce processus entraînera rapidement la mort postnatale des jeunes. L'homme est la seule espèce capable de se passer de la lactation et consommer le lait des autres espèces. Seule la production laitière de quelques espèces de mammifères présente un intérêt immédiat en nutrition humaine. La vache assure de loin la plus grande part de la production mondiale (FAO, 1995). Ce lait est, de tous les produits laitiers, le plus consommé et le plus étudié en nutrition humaine.

1.1. Composition du lait de vache

Le lait de vache se présente sous la forme d'une émulsion de particules de gras dans un environnement aqueux. La composition du lait de vache varie selon différents facteurs que sont l'individualité, la race, le stade de lactation, l'alimentation, la saison et l'âge. Notamment, la saison possède une grande influence sur la composition générale du lait, ce qui peut avoir des conséquences directes en technologie laitière. Le lait de vache contient principalement des protéines (3,2 %), de la matière grasse (3,7%), des glucides (4,6%) et des sels minéraux (0,8%). D'autres constituants se retrouvent dans le lait sous forme de traces tels que les vitamines, les enzymes et les gaz dissous (Amiot et al., 2002).

Les protéines représentent 95% de la matière azotée du lait et peuvent être départagées en deux groupes : les caséines (80%) et les protéines du lactosérum (20%). L'azote non protéique est composé de substances diverses telles que l'urée, l'ammoniac, l'acide urique, des acides aminés libres des peptides. La matière grasse présente dans le lait est une source d'énergie, d'acides gras essentiels et de vitamines liposolubles. Elle est présente dans le lait sous forme de petits globules suspendus dans l'eau. Chaque globule est entouré par une membrane biologique native composée principalement de phospholipides, protéines, cholestérols, glycoprotéines et vitamines (Mather, 2000). La matière grasse est composée principalement de triacylglycerol qui représente 98,3% de la matière grasse du lait, des phospholipides (0,2-1%), des stérols libres (0,2-0,4%) et des traces d'acides gras libres (Jensen, 2002).

L'hydrate de carbone principal du lait est le lactose. Celui-ci fournit 30% de la teneur énergétique du lait de vache qui oscille habituellement entre 650 et 720 Kcal/litre et dépend surtout de la teneur en matière grasse (Renner, 1983).

Le lait contient les principaux minéraux (minéraux majeurs) tels le calcium, le phosphore et le magnésium ainsi que des éléments en traces tels le fer, zinc, iodine, cuivre, manganèse, sélénium et fluoride. Il est également une source de sels et d'électrolytes. Les minéraux jouent un rôle important dans l'organisation structurale des micelles de caséines. Ils sont repartis entre l'état soluble, sous forme d'ions et de sels, et l'état colloïdal associé à la micelle de caséine (Gaucheron, 2005).

De plus, le lait contient des vitamines. Les vitamines A, D, E et K sont liposolubles, et de ce fait elles se retrouvent dans la matière grasse mais elles peuvent être perdues lors de l'écrémage. D'autres vitamines sont hydrosolubles et se retrouvent dans le sérum. C'est le cas de l'acide ascorbique (C), la vitamine (B1), la riboflavine (B2), la piroxydine (B6), la cyanocobalamine (B12), la niacine, l'acide pantothénique, l'acide folique et la biotine (H) (Amiot et al., 2002).

1.2. Les protéines du lait de vache

1.2.1. Les caséines

Les micelles de caséines sont des particules colloïdales sphériques de diamètres compris entre 40 et 300 nm. Elles contiennent majoritairement quatre types de caséines: αs_1, αs_2, β et κ (Walstra, 1990).

La caséine αs_1 est une chaîne polypeptidique de 199 acides aminés, d'un poids moléculaire de 23600 Da. Cette caséine est fortement hydrophobe et les résidus chargés ne sont pas distribués uniformément; il y a trois régions hydrophobes entre les résidus 1-44, 9-113 et 132-199 (Swaisgood, 1982).

La caséine αs_2, quant à elle, est la plus hydrophile de toutes les caséines. Cette protéine est fortement phosphorylée (11-13 résidus phosphorylés) et elle présente, à pH 6,7 treize charges positives et une partie fortement chargée négativement (Rollema, 1992). Le degré d'association de la caséine αs_2 dépend de la concentration ionique de la solution (Swaisgood, 1982).

La caséine β avec 209 acides aminés (24000 Da) est la plus hydrophobe des caséines (Fox et McSweeney, 1998). Quant à la caséine κ, son segment fortement hydrophile (106-169) nommé glycomacropeptide, assure la stabilité colloïdale de la micelle de lait (Holt et Horne, 1996).

La structure exacte de la micelle de caséine fait encore l'objet de spéculation. Il existe plusieurs modèles de micelle de caséines dont le plus répandu est le modèle avec sous unités de Schmidt (1982). Ce modèle suggère que les sous unités n'étaient pas toutes de même composition mais que certaines étaient plus riches en caséine κ et étaient situées en surface de la micelle. Finalement, Schmidt (1982) précisa que les sous-micelles étaient reliées par des agrégats de Ca_9 $(PO_4)_6$.

Dans le modèle actuel, les micelles sont en fait composées de sous-unités comprenant de 10 à 100 molécules de caséines et nommées sous-micelles. Les sous-micelles sont reliées entre elles par des ponts phosphate de calcium. La composition des sous-micelles au centre et en périphérie est différente. En effet, les caséines β et α_{s1} sont plus présentes au centre de la micelle et forment le cœur hydrophobe alors que la partie externe, davantage hydrophile, est formée de caséine α_{s1}, α_{s2} et κ (Amiot et al., 2002).

1.2.2. Les protéines du lactosérum

Les protéines majeures contenues dans le lactosérum sont de type globulaire. Quatre protéines y sont principalement retrouvées: la β-lactoglobuline (β-Lg), l'α-lactalbumine (α-La), l'albumine sérique bovine (BSA) et, finalement, le groupe des immunoglobulines (Ig). En plus de ces protéines, quelques protéines mineures (lactoperoxydase, lactoferrine) et des produits de dégradation enzymatique (protéose-peptone) complètent la fraction protéique du lactosérum (Morr et Ha, 1993).

1.2.2.1. β-lactoglobuline (β-Lg)

La β-Lg est la plus abondante des protéines du lactosérum. Elle représente environ 50% de la masse totale des protéines sériques. La séquence primaire de cette protéine comporte 162 acides aminés pour une masse moléculaire de 18400 Da (Verheul et al., 1999).

Elle contient 5 résidus cystéine dont 4 forment deux ponts disulfures en position 66-160 et 106-119. Le cinquième résidu, en position 121, porte un groupement thiol libre pouvant induire des réactions d'échanges SH/S-S intra et inter moléculaire. Sept variants génétiques sont actuellement connus: A, B, C, D, Dr, Dyale et E. Les variants A et B sont les plus communs et se rencontrent dans des proportions voisines (Sawyer et al., 1999). Le variant A diffère du variant B par la nature de deux résidus: Asp respectivement Gly en 64 et Val respectivement Ala en 118.

La structure secondaire de la β-Lg a été étudiée par différentes techniques. Les données de dispersion optique rotatoire et de dichroïsme circulaire suggèrent que la β-Lg contient 10-15% d'hélice α, 43% de feuillet β, 47% de régions désordonnées (Edwards et al., 2002). La structure tertiaire de la β-Lg a également été déterminée. Les études cristallographiques aux rayons à haute résolution ont montré que cette structure consiste en 5 feuillets antiparallèles composés de neuf brins enroulés formant une sorte de calice (Brownlow et al., 1997). Le cœur de la molécule est constitué de 9 brins antiparallèles. La β-Lg appartient de par sa structure à la super-famille des lipocalines (Sawyer et Kontopidis, 2000).

La structure quaternaire de la β-Lg est très influencée par les conditions environnementales (figure 1) (Pessen et al., 1985). Les effets du pH, de la concentration en protéine et la force ionique sont rendus difficilement dissociables du fait de leur contribution souvent concomitante à la formation d'une large gamme de structures quaternaires de la β-Lg. En fait, les molécules de β-Lg peuvent s'associer en dimères ou octamères. La formation des dimères résulterait d'interactions non covalentes entre les brins B-I (145-150) de deux monomères (Sakurai et al., 2001), alors que deux résidus carboxyles seraient impliqués dans la formation des octamères (Hambling et al., 1992).

13

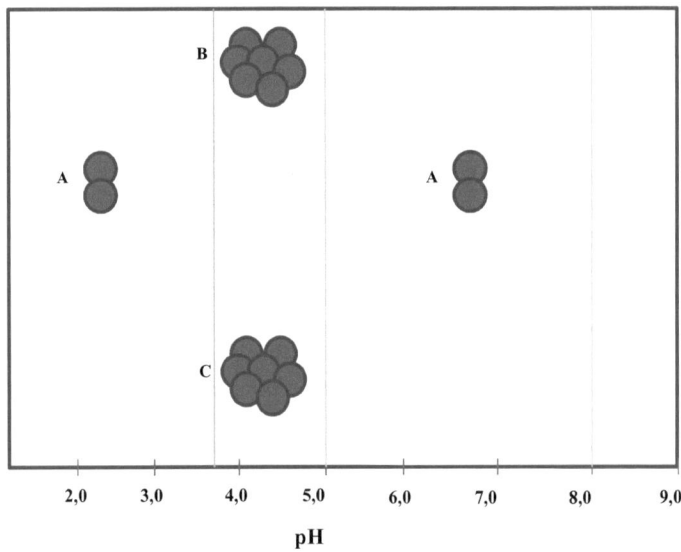

Figure 1. Représentation schématique des changements structuraux de la β-Lg en fonction du pH: dimère (A) et octamères (B, C)

Malgré l'abondance des travaux réalisés pour comprendre le rôle de la β-Lg, sa fonction physiologique n'est pas complètement élucidée. Toutefois, sa structure similaire à celle des lipocalines, pourrait lui conférer un rôle de transport. Il est connu que la β-Lg peut lier une variété de ligands hydrophobes, mais aussi des composés légèrement polaires et des cations (Zsila et al., 2002; Zsila, 2003; Dufour, 2004). Par exemple, il a été démontré que la β-Lg pouvait lier des rétinoïdes (ex : rétinol), des acides gras (ex : palmitate) et leurs dérivés, des molécules polycycliques (ex: protoporphyrine IX) et des cations (ex : ca^{+2}) (Baumy et Brulé, 1988; Sawyer et Kontopidis, 2000; Dufour, 2004).

1.2.2.2. L'α-lactalbumine (α-La)

Considérée comme la seconde protéine soluble en importance, l'α-lactalbumine (α-La) constitue environ 20% de ces dernières. L'α-la est une protéine globulaire compacte avec un poids moléculaire de 123 acides aminés. Sa structure secondaire est constituée de 26% d'hélice α, de 14% de feuillet β et de 60% de structure désordonnée (Creamer et al., 1983). La conformation compacte de l'α-La est stabilisée par 4 ponts disulfures intermoléculaires. Le calcium est nécessaire au maintien de la structure native de l'α-La et améliore sa résistance aux traitements thermiques (Chrysina et al., 2000). Cette propriété de l'α-La à lier l'ion Ca^{12} est dépendante du pH (Brew et Grobler, 1992).

L'α-La est impliquée dans le cycle de biosynthèse du lactose. Elle pourrait aussi agir comme transporteur de certains métaux, notamment les ions calcium (Brew et Grobler, 1992).
A pH < 4, elle entre dans un état conformationnel transitoire (appelé la conformation Molten) où elle perd son ion calcium et donc sa conformation

native, bien que les ponts disulfures demeurent intacts (Anderson et al., 1997; Smith et al., 1999; Chrysina et al., 2000).

1.3. Valeur nutritionnelle des protéines du lait de vache

Les protéines du lait ont une valeur biologique plus élevée que toutes les autres protéines animales, à l'exception des protéines de l'œuf que l'on considère comme protéines de référence. Par ailleurs, la valeur nutritionnelle des protéines de lactosérum est supérieure à celle des caséines. Les protéines de lactosérum possèdent une valeur nutritionnelle exceptionnelle à cause de leur richesse en acides aminés essentiels et de leur bonne digestibilité. En effet, elles ont une teneur élevée en lysine, tryptophane et cystéine. Seule la méthionine est limitante dans le lait concernant les besoins de l'homme en acides aminés. Les indices de qualité nutritive classent les protéines de lactosérum parmi les meilleures. En effet, leur coefficient d'efficacité protéique (CEP) est de 3,6 et leur valeur biologique est de 104 (Bos et al., 2000; Gaudichon, 2000).

Les protéines du lactosérum possèdent une valeur nutritionnelle reconnue. Actuellement, les ingrédients à base de protéines du lait de vache (particulièrement le lactosérum) sont utilisés dans de nombreux produits alimentaires, de même que dans plusieurs formulations destinées à des applications spécialisées telles les formules lactées pour nourrissons, les formulations diététiques spécifiques pour le traitement de certaines maladies, ou encore dans la fabrication de suppléments alimentaires à contenu énergétique et azote protéique (tels les produits pour les athlètes) (Horton, 1998; Clemente, 2000).

16

1.4. Propriétés fonctionnelles des protéines de lait de vache

En plus de leur valeur nutritionnelle, le lait de vache constitue une source importante de peptides ayant différentes activités biologiques. En effet, les protéines majeures (caséines, β-Lg, α-La et les immunoglobulines) contiennent plusieurs peptides biologiquement actifs. Ces peptides bioactifs peuvent être générés in vivo par l'hydrolyse enzymatique durant les processus gastrointestinaux ou libérés in vitro par les réactions d'hydrolyse à l'aide d'enzymes digestives, bactériennes ou fongiques. Plusieurs de ces peptides révèlent des propriétés multifonctionnelles. Ils sont des modulateurs puissants des systèmes gastrointestinal, nerveux, cardiovasculaire et immunitaire (Korhonen et Pihlanto, 2006). De plus, leur rôle préventif et thérapeutique a été démontré par de nombreux travaux (tableau 1) (Yalçin, 2006).

Les caséines sont une source importante de peptides bioactifs. Les effets principaux rapportés sont des activités antihypertensive, antithrombotique et opioïde (agoniste et antagoniste). Des peptides inhibiteurs de l'enzyme de conversion de l'angiotensine I (ACE I) et des peptides liant le calcium sont libérées par les caséines α_{s1} et κ, suite à l'hydrolyse par les enzymes digestives. De plus, les caséines β et κ génèrent des peptides inhibiteurs de l'ACE I. Le peptide opioïde majeur issu de la β-caséine, appelée β-casomorphine, exerce une action anti sécrétoire (anti diarrhéique) par l'augmentation de l'absorption de l'eau et des électrolytes et par la réduction de la motilité intestinale. De plus, ce peptide bioactif est impliqué dans la régulation de l'appétit et joue un rôle important dans l'absorption des acides aminés (Clare et Swaisgood, 2000; Martinez Augustin et Martinez Munoz, 2006). Les caséinophosphopeptides CPP préviennent l'ostéoporose, l'anémie, les caries dentaires et l'hypertension à l'aide de leur pouvoir de liaison aux minéraux.

Tableau 1. Peptides bioactifs des protéines du lait, leur précurseurs et leur bioactivités (D'après Yalçin, 2006)

Peptides bioactifs	Précurseur	Bioactivité
Casomorphine	α et β- caséine	Agonistes opioïdes
α-Lactorphine	α-Lactalbumine	Agoniste opioïde
β-lactorphine	β-lactoglobuline	Agoniste opioïde
Lactoferroxines	Lactoferrine	Antagonistes opioïdes
Casoxines	κ-caséine	Antagonistes opioïdes
Casokinines	α et β-caséine	Antihypertensif
Lactokinines	α-Lactalbumine et β-lactoglobuline	Inhibiteur de l'ACE
Casoplatelines	κ caséine et transferrine	Antithrombotique
Immunopeptides	α et β-caséine	Immunostimulants
Phosphopeptides	α et β-caséine	Transport des minéraux
Lactoferricine	Lactoferrine	Antimicrobienne

Les peptides bioactifs issus de la β-Lg et de l'α-La sont de découverte plus récente. Les activités biologiques associées aux peptides issus de la β-Lg et de l'α-La sont l'inhibition de l'ACE, la contraction musculaire, de même que les propriétés antioxydante, antimicrobienne, opioïde et hypocholesterolémiante (Pihlanto-Leppala et al., 2000; Nagaoka et al., 2001). Les peptides opioïdes α et β lactorphine sont générés à partir de l'hydrolyse respectivement de l'α-La par la pepsine et de la β-Lg par la pepsine et la chymotrypsine (Pihlanto Leppala et al., 2000). Les peptides f (15-20), f (102-105) et f (142-148) dérivent de l'hydrolyse de la β-Lg par la pepsine et la chymotrypsine. D'autres peptides tels f (58-61) et f (147-149) peuvent être obtenus par l'hydrolyse de la β-Lg par la thermolysine dans des conditions dénaturantes et non dénaturantes (Hernandez-Ledesma et al., 2006). Ces peptides exercent des activités inhibitrice ACE I, opioïde et hypocholestérolémiante.

Les propriétés fonctionnelles des protéines mineures sont également rapportées. De nombreuses propriétés bioactives sont attribuées à la lactoferrine (Lf). Celle-ci exerce des activités antibactérienne, antifongique, antivirale et antitumorale (Pan et al., 2006). La lactoperoxydase et le lysosyme coopèrent avec la Lf pour assurer une activité antibactérienne. Le lait contient également des cytokines et des facteurs de croissance qui influencent la croissance cellulaire et la fonction immunc (Smithers, 2004). Les folates et les vitamines B6 et B12 ont un rôle préventif contre les maladies cardiovasculaires et neurologiques (Brachet et al., 2004) et les défauts de naissance chez les enfants (Molloy, 2002). Les nucléotides exercent des effets anti carcinogèniques par l'inhibition de la prolifération cellulaire et l'activation de l'apoptose (Schlimme et al., 2000).

1.5. Propriétés allergéniques des protéines de lait de vache

Dans certaines conditions, le lait de vache peut être source de peptides biologiquement immunogènes et constitue un danger potentiel pour les sujets ayant une allergie aux protéines de lait de vache. Les principales protéines allergisantes du lait sont d'une part les caséines (80 % des protéines de lait) et d'autre part les protéines solubles (β-Lg, α-La et SAB). Alors que la β-Lg absente du lait de femme a longtemps été considérée comme la principale protéine allergisante du lait de vache, de nombreuses études suggèrent qu'une polysensibilisation par plusieurs protéines est souvent possible (Wal, 2001; 2004).

L'allergenicité dépend des déterminants antigéniques ou épitopes, c'est-à-dire la portion protéique qui se lie à l'anticorps spécifique. L'épitope est un peptide (de 4 à 18 acides aminés) qui peut être de type séquentiel (linéaire) ou de type conformationnel (résultant de la structure de l'enchaînement des acides aminés). Les propriétés allergéniques des protéines de lait de vache ont été étudiées et divers épitopes immunoréactifs ont été caractérisés. Les allergènes du lait de vache contiennent aussi bien des épitopes pour les cellules B que pour les cellules T. Les épitopes pour les cellules B sont le plus souvent conformationnels et se lient aux anticorps de type IgE. Les épitopes des cellules T, quant à eux, sont des peptides linéaires et sont capables d'induire une réponse lymphocytaire de type 2 (Toseland et al., 2005).

L'analyse des épitopes reconnus par les IgE est effectuée in vitro par des tests immunologiques en utilisant le sérum de patients allergiques ou d'animaux sensibilisés. Les épitopes des protéines de lait de vache reconnus par les IgE ont été étudiés pas de nombreux chercheurs en utilisant principalement des peptides synthétiques ou des peptides issus de l'hydrolyse des protéines de lait par la trypsine (tableau 2) (Wal, 2001).

Il a été démontré comme particulièrement allergisantes les séquences 41-60, 102-124 et 149-162 de la β-Lg (Tokita, 1985; Takahashi et al., 1990; Sélo et al., 1999). Des analyses similaires sur l'α-La ont montré que les séquences 17-58 et 59-94 sont les plus reconnues par le sérums des patients (Maynard et al., 1997). Dans les caséines, les épitopes reconnus par les IgE sont trouvés dans les séquences 1-60, 110-144, 157-185 et 186-209 (Spuergin et al., 1996).

Peu d'information est disponible sur les épitopes pour les cellules T. La séquence 119-133 a été identifiée dans la β-Lg, alors que plusieurs séquences (61-80, 91-110, 136-155, 151-170) ont été décrites pour la caséine α_{S1} (Fritsché, 2003).

Tableau 2. Quelques exemples d'épitopes des protéines du lait de vache (Wal, 2001).

Protéine	Séquences des épitopes	Référence
	97-108	Ball et al., 1994
β-Lg	124-134	Adams et al., 1991
	41-60, 102-124, 149-162	Sélo et al., 1999
	5-18	Adams et al., 1991
α-La	91-96	Hopp et Woods, 1982
	59-94	Maynard et al., 1997
Caséine	63-70	Otani et al., 1991
Epitopes mineurs	19-30, 93 -98, 141-150	Spuergin et al., 1996
Epitopes majeurs	50-60, 61-70, 126-134, 172-183	Spuergin et al., 1996

2. Interaction des antigènes alimentaires avec le tractus intestinal

2.1. Description du système lymphoïde associé à l'intestin

Le tractus gastrointestinal occupe une surface de l'ordre de 400m^2 et de ce fait fournit un site important d'exposition aux pathogènes et aux antigènes exogènes solubles (MacDonald et Monteleone, 2005). Pour préserver l'homéostasie, les propriétés fonctionnelles de la muqueuse doivent être optimales. L'optimisation de ces fonctions est assurée par des mécanismes non spécifiques et par un système immunitaire local spécialisé qui constitue l'organe immun le plus important de tout l'organisme (Salminen et al., 1998).

Le système lymphoïde associé à l'intestin (gut-associated-lymphoid tissue, GALT) représente une masse très importante, voisine de celle de la rate. Aucun organe n'héberge plus de cellules immunitaires que l'intestin. Ces cellules peuvent être regroupées dans les ganglions ou disséminées dans la muqueuse (Lamina propria, épithélium). Des follicules lymphoïdes isolés sont présents à l'état normal dans la partie profonde de l'intestin, du côlon, du rectum et de l'appendice. Ils peuvent se regrouper pour former le long de l'axe mésentérique les plaques de Peyer (PP) particulièrement volumineuses au niveau de l'iléon terminal (Figure 2) (Spahn et Kucharzik, 2004). Les plaques de Peyer constituent les sites inducteurs principaux de l'immunité. Alors que les sites effecteurs primaires de l'immunité sont la lamina propria, qui contient les lymphocytes T et B ainsi que d'autres cellules effectrices nécessaires aux réponses adaptatives, et l'épithélium qui contient une seule population de lymphocytes T appelée lymphocytes intra-épithéliaux (LIE).

23

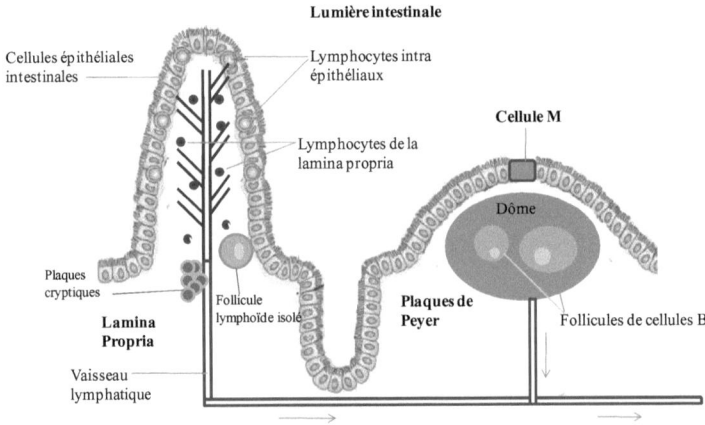

Figure 2. Description schématique générale du système immunitaire associé à la muqueuse intestinale

Dans le jéjunum sont localisées 11 à 26 plaques de Peyer contenant de multiples follicules avec des centres germinatifs (zone des cellules B) séparées par des zones interfolliculaires riches en cellules T, macrophages et cellules dendritiques. La formation des centres germinatifs dépend de la présence des antigènes luminaux, particulièrement d'origine microbienne entraînant l'infiltration des cellules souches $CD3^-CD4^+$ productrices de LTa1b2. L'épithélium recouvrant les PP est composé de cellules M (Microfold) provenant du fond des glandes de Liberkühn. Ces cellules ne possèdent pas de bordure en brosse et permettent le passage des macromolécules antigéniques.

Les réponses immunitaires muqueuses seraient initiées par la captation d'antigènes par les PP, à travers les cellules M et leur présentation par les cellules présentatrices d'antigènes (macrophages et cellules dendritiques) aux cellules T immatures (Cerf-Bensussan et al., 1991). Les cellules T activées se différencient préférentiellement en cellules $CD4^+$ helper qui, aidées par les cellules dendritiques et la sécrétion de cytokines tels le TGF-β et l'IL-10, induisent la différenciation des cellules B spécifiques de l'antigène en blastocytes à IgA (Brandtzaeg et al., 1999). Après stimulation antigénique, les lymphocytes vont gagner les lymphatiques efférents. Ceux-ci vont amener les lymphocytes activés dans les ganglions mésentériques puis dans le canal thoracique et enfin la grande circulation. A partir du flux sanguin, les lymphocytes informés vont se répartir tout le long du tube digestif (phénomène de homing). La migration des lymphocytes à travers le cycle hémolymphatique fait intervenir les molécules d'adhésion, la L-selectine et l'intégrine $\alpha4\beta7$ qui orientent les cellules respectivement vers la circulation sanguine ou la muqueuse intestinale. Ainsi, les lymphocytes qui entrent dans la muqueuse intestinale, se distribuent dans la lamina propria et l'épithélium intestinal (Spahn et Kucharzik, 2004).

Les cellules T CD4$^+$ qui résident dans la lamina propria sont insensibles aux signaux de prolifération médiés par le récepteur des cellules T (TCR). Ces cellules contribuent dans l'homéostasie immune dans ce compartiment par la production de facteurs solubles ou liant la membrane telles les cytokines de type Th1 ou Th2. Les cellules B qui entrent dans la lamina propria deviennent des plasmocytes producteurs d'IgA incluant une population de cellules B indépendante des cellules T primitives (McPherson et al., 2000). Les IgA dimériques sécrétées sont transportées à travers l'épithélium dans la lumière intestinale par le récepteur polymérique Ig (pIg) et contribuent dans la protection de la muqueuse par une réponse immune non inflammatoire (Williams, 2004).

Les cellules T CD8$^+$ migrent préférentiellement vers l'épithélium (~60%) dépendant de l'expression de l'intégrine αEB7 qui reconnaît la cadhérine E présente au niveau de la membrane baso-latérale des entérocytes. Ces lymphocytes intraépithéliaux (LIE) CD8$^+$ résident à la base de la membrane au-dessous des jonctions inter épithéliales et représentent une population cytotoxique effectrice importante capable d'éliminer les cellules épithéliales infectées par les virus. Les LIE consistent en des cellules T CD3$^+$ de type αβ et γδ à TCR positif qui contribuent au maintient d'une homéostasie immunologique appropriée et à la fonction de barrière dans l'épithélium intestinal (Beagley et Husband, 1998; Yoshikai, 1999; Cheroutre, 2004). Les cellules T de la lamina propria expriment principalement αβTCR et CD4. En revanche, les cellules T intra épithéliales consistent essentiellement en des cellules T γδ$^+$, avec expression dominante de CD8 (Lefrançois et Puddington, 1999).

2.1.1. Les cellules effectrices

La réponse immune aux antigènes alimentaires conduisant à la tolérance orale ou au développement de l'hypersensibilité alimentaire dépend de la coopération de diverses cellules immunocompétentes qui font l'objet de recherches intenses (Untersmayr et Jensen-Jarolim, 2006).

2.1.1.1. Les cellules M

Les cellules M se trouvent dans l'épithélium associé aux follicules recouvrant les plaques de Peyer et agissent comme barrière de l'immunité intestinale. Ces cellules facilitent le transport des antigènes complexes, particulièrement les molécules particulaires, directement au site d'induction de l'immunité intestinale. Elles se comportent comme des cellules présentatrices d'antigène professionnelles, qui apprêtent et présentent l'antigène aux cellules dans les plaques de Peyer ou dans les ganglions lymphoïdes mésentériques (Mowat, 2003). Les antigènes natifs se mettent en contact préférentiellement avec les immunoglobulines membranaires des lymphocytes B qui sont très abondants dans ces follicules lymphoïdes et entraînent la production des anticorps. Donc, les cellules M semblent être impliquées dans le transport des allergènes alimentaires. Cependant, il n'est pas démontré si ces cellules sont efficaces dans le transport des antigènes protéiques solubles (Chehade et Mayer 2005).

De plus, la réponse immune aux antigènes captés par les cellules M est souvent de type Th1. Ceci a été documenté pour plusieurs bactéries, telles la salmonella, qui pénètrent dans l'organisme via les cellules M (Mastroeni et al., 2001; Clark et Jepson, 2003; Reisfeld et al., 2004). De plus, les cellules M, qui captent les allergènes en utilisant les microparticules fonctionnelles de la lectine, peuvent même orienter une réponse immune continue de type Th2 vers une réponse de type Th1 (Roth-

Walter et al., 2004; 2005). Ainsi, les chercheurs sont aujourd'hui critiques au sujet de la participation des cellules M dans le développement de l'hypersensibilité alimentaire.

2.1.1.2. Les entérocytes

Plusieurs études ont montré que les cellules épithéliales de l'intestin contribuent dans le développement de la tolérance orale ou l'allergie alimentaire. Les cellules épithéliales expriment les molécules de CMH classe II à leur surface et fonctionnent ainsi comme des cellules présentatrices d'antigène (CPA) efficaces (Blumberg et al., 1999; Yu et Perdue, 2001). De plus, les entérocytes peuvent absorber, traiter l'antigène et le présenter associé au CMH aux cellules T régulatrices (Panja et al., 1994; Campbell et al., 1999). Cependant, chez les sujets sensibilisés, une fonction additive des entérocytes peut être envisagée: les complexes IgE-allergènes présents dans la lumière sont transportés à travers l'épithélium via les entérocytes ayant des CD23 en dépendance de l'IL-4, pour être délivrés aux mastocytes par la suite (Berin et al., 1997; Yu et al., 2001). Cette voie semble, d'une part, protéger les allergènes de la dégradation durant la transcytose (Bevilacqua et al., 2004) et d'autre part, servir de voie active de transport des IgE à travers l'épithélium intestinal (Tu et al., 2005).

2.1.1.3. Les cellules présentatrices d'antigène

Les cellules présentatrices d'antigène (CPA) professionnelles, telles les cellules dendritiques activées, les macrophages et les cellules B activées expriment les molécules de co-stimulation et donc peuvent non seulement inhiber mais également activer les cellules T. D'autres part, les CPA dépourvues de leur pouvoir stimulateur (les cellules B, les cellules dendritiques et les cellules tissulaires qui expriment les molécules de CMH classe II) induisent plutôt une tolérance médiée par la suppression des cellules effectrices et helper qui est à l'origine d'une anergie ou d'une tolérance périphérique (Mueller et Jenkin, 1995; Heally et Goodnow, 1998). A côté de ces effets directs sur les cellules T, les CPA participent également dans le développement d'une réponse immune contre les protéines alimentaires.

Les macrophages, les cellules dendritiques, les cellules épithéliales et les mastocytes expriment aussi les récepteurs de reconnaissance et les récepteurs dits « Toll Like Receptors » (TLR) présents à leur surface (Backhed et Hornef, 2003, Bilsborough et Viney, 2004). Du fait de la présence d'épitopes répétés dans l'allergène, TLR, semble ainsi être impliqué dans la reconnaissance de l'allergène et l'induction de cascades de signaux conduisant à l'expression de plusieurs cytokines comme l'IL-9, ou l'IL-13 qui ont été observées pour les mastocytes humains (Stassen et al., 2001). A côté de son implication dans la commutation des IgE, IL-13 stimule la croissance des cellules Th en dépendance de l'IL-4 et de ce fait favorise une réponse IgE spécifique (Tekeda et al., 2003).

2.1.1.4. Les cellules T γδ

Plusieurs études ont montré le rôle important des cellules T γδ dans le développement la tolérance orale. En effet, la tolérance orale a pu être induite chez des souris allergiques par l'injection de ce type de cellules isolées à partir de souris immunisées par voie orale (Kapp et Ke 1997, Ke et al., 1997). D'autre part, les cellules T γδ sont une source importante de l'IL-13, cytokine de type Th2, qui stimule la production des IgE et l'inflammation allergique (Lahn, 2000; Pawankar, 2000, Svensson et al., 2003).

D'un point de vue physiologique, les cellules T γδ exprimant Vδ1 représentent 50% des lymphocytes intra épithéliaux des cellules T du compartiment intestinal (Porcelli et al., 1991). Les enfants ayant une allergie alimentaire non traitée montrent une augmentation significative de la densité des cellules T γδ dans la muqueuse de l'intestin grêle comparé aux enfants allergiques sous régime d'exclusion (Kokkonen et al., 2000). Les cellules T γδ reconnaissent les antigènes sous forme de protéines intactes via leur récepteur TCR1 dans un contexte non lié aux CMH (Allison et al., 2001). Ainsi, ces cellules reconnaissent la structure conformationnelle qui semble être une caractéristique typique des allergènes alimentaires, et donc interviennent de façon considérable dans les réponses de type Th2 aux allergènes alimentaires.

2.1.1.5. Les mastocytes

Il est admis que les mastocytes possèdent des effets immuno-modulateurs et de défense de l'hôte ainsi que des implications claires dans la physiopathologie des maladies intestinales (Stenton et al., 1998). Dans le tractus gastro-intestinal, ces cellules sont trouvées dans toutes les couches de la muqueuses (2-3% des cellules de la lamina propria de l'intestin sont des mastocytes) et dans la sous muqueuse. Le rôle des mastocytes dans l'inflammation allergique est bien connu. IL-4, en présence du facteur SCF (Stem cell factor), régule le statut fonctionnel des mastocytes par l'augmentation de la prolifération et la survie des mastocytes et la libération des médiateurs IgE dépendants (Bischoff et al., 1999).

Après pontage des IgE liées via leur récepteurs de haute affinité, un grand nombre de médiateurs pré et néoformés et des protéases sont libérées dans les tissus adjacents et exercent leurs fonctions dans l'inflammation allergique et dans la modulation de la fonction intestinale (Yu et Perdue, 2001). A côte de l'augmentation de la perméabilité vasculaire, l'œdème muqueux et la contraction des muscles lisses, une diminution de l'intégrité de la barrière est observée menant à une augmentation de la perméabilité épithéliale induite par l'antigène (Crowe et al., 1993). Ces mastocytes activés produisent des cytokines de type Th2, tels l'IL-3, IL-5 et IL-13 entraînant une accumulation des éosinophiles et des autres cellules inflammatoires impliquées dans les maladies allergiques (Lorentz et al., 2000). De plus les facteurs capables d'activer les mastocytes (non IgE dépendant) tels les neurotransmetteurs, les toxines bactériennes et les composants du système du complément contribuent dans l'inflammation tissulaire (Yu et perdue, 2001) comme précédemment souligné, les mastocytes disposent de TLR qui leur confère un rôle de reconnaissance des antigènes.

2.1.1.6. Les éosinophiles

L'accumulation des éosinophiles dans le sang périphérique et dans les tissus est une caractéristique distincte des réponses allergiques. Une corrélation directe entre la sévérité de la pathologie de l'allergie alimentaire et la quantité et le niveau d'activation des éosinophiles gastro-intestinaux est observée (Gleich et Adolphson, 1989). De plus, les éosinophiles fonctionnent comme des APC; ils stimulent l'expansion des cellules Th2 dans les tissus enflammés et amplifient directement la réponse immune de type Th2 (Shi, 2004). Dans les conditions physiologiques, ces cellules sont dispersées dans la muqueuse gastrique et intestinale (Mishra et al., 1999).

Cependant, chez les patients ayant une allergie alimentaire, la distribution (par exemple intra épithéliale, dans la lamina propria et dans la sous-muqueuse), le nombre, la morphologie ainsi que les propriétés

31

fonctionnelles des éosinophiles sont distincts puisqu'ils peuvent être facilement activés par stimulation via le récepteur de l'IgE (Schwab et al., 2003). Ainsi, il peut être suggéré que les éosinophiles contribuent dans la réaction de type immédiat au niveau de la peau et des muqueuses au contact de l'allergène via récepteur de liaison à l'IgE spécifique.

L'éotaxine et l' IL-5 semblent être les chimokines majeurs responsables de l'activation et de recrutement des éosinophiles (Yamaguchi et al., 1988, Griffiths-Johnson et al., 1993; Jose et al., 1994). L'IL-5 stimule la différenciation et la prolifération des éosinophiles dans la moelle osseuse et joue un rôle centrale dans la régulation du recrutement des éosinophiles dans les tissus enflammés (Coeffier et al., 1991; Rothenberg et al., 1995). Ayant un rôle chimottractant, l'eotaxine est responsable de l'accumulation sélective des éosinophiles au site de l'inflammation allergique (Jose et al., 1995; Rothenberg et al., 1995). Ensemble, les deux cytokines rendent compte de l'inflammation éosinophilique.

2.2. Réponse immune aux antigènes alimentaires

Le maintien de l'intégrité de l'intestin et de sa fonction digestive dépend en partie de la capacité du système immunitaire de sa muqueuse à faire la distinction entre les antigènes offensifs et inoffensifs et de produire une réponse appropriée: une immunité active ou une tolérance (Brandtzaeg, 1996).

2.2.1. Tolérance orale

Les protéines ingérées sont normalement reconnues et admises par l'organisme grâce à un mécanisme de tolérance immunitaire fondamental pour le tube digestif. La tolérance est un processus complexe et dynamique impliquant des facteurs cellulaires et moléculaires permettant d'éviter les

32

réponses indésirables ou excessives du système immunitaire à des substances à caractère immunogène (Chamberlain, 2002). De nombreux travaux ont montré que les mécanismes cellulaires impliqués dans l'induction et le maintien de la tolérance sont l'anergie clonale (Van Houten et Blake, 1996), la délétion clonale (Chen et al., 1995) et l'immunosuppression clonale (figure 3) (Lundin et al., 1999).

Des travaux plus récents ont montré que l'équilibre entre les sous populations lymphocytaires T (Th1, Th2) permet de maintenir une homéostasie fonctionnelle générant une réponse immune appropriée (Kidd, 2003). D'autres sous populations de lymphocytes T, appelées cellules régulatrices telles CD4$^+$CD25$^+$, Tr1 et Th3, ont été décrites (Allez et Mayer, 2004; Van Amelsfort et al., 2004; Rook et Brumet, 2005).

Les cellules Th3 secrétant le TGF-β sont impliquées dans l'induction de la tolérance (Weiner, 2001; Strobel, 2002). Le TGF-β joue un rôle dans la stimulation de la sécrétion des IgA par les lymphocytes B et il est impliqué dans le mécanisme moléculaire de suppression de l'action cytotoxique des lymphocytes Tc (CD8$^+$) (Spellberg et Edwards, 2001).

Les cellules Tr qui se caractérisent par la production de taux élevés de l'IL-10 et de TGF-β jouent un rôle dans le maintien de la tolérance (Jutel et al., 2003). Elles régulent la réponse immunitaire produite par les deux types de cellules Th1 et Th2 et maintien une homéostasie immunitaire. Ces cellules régulatrices assurent leur fonction immunosuppressive via des interactions cellule-cellule qui impliquent probablement CTLA-4 et le TGFβ (Roncarolo et al., 2003). IL-10 joue un

33

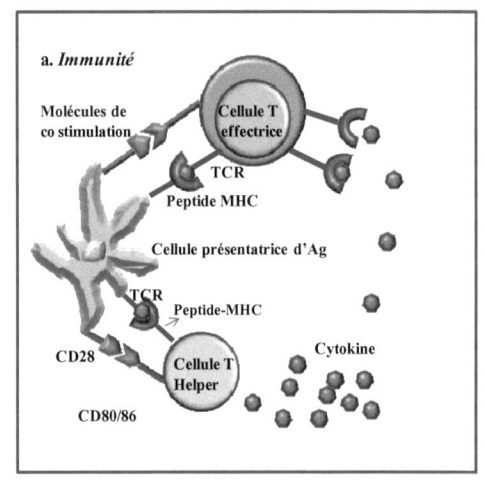

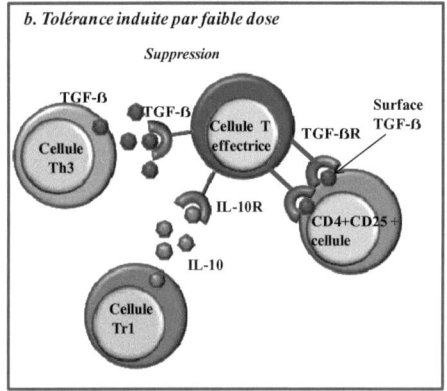

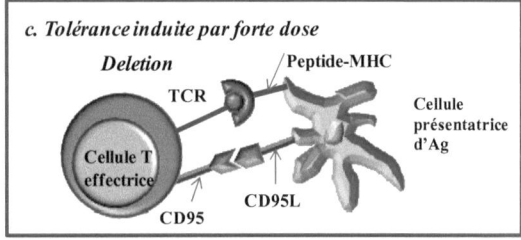

Figure 3. Mécanisme de la tolérance orale.

R : récepteur   **Ag** : antigène

34

rôle important dans l'inhibition des réactions allergiques en diminuant l'activation des éosinophiles (Till et al., 2004).

2.2.2. Allergie alimentaire

Lorsque la tolérance orale est rompue, des manifestations d'allergie apparaissent. L'allergie alimentaire correspond à l'ensemble des manifestations cliniques d'origine immuno-allergique déclenchées par l'ingestion d'aliments (Johansson et al., 2004). Il convient dans un premier temps de distinguer les allergies alimentaires vraies des fausses allergies alimentaires et des intolérances alimentaires.

Souvent, les symptômes décrits sont semblables mais la différence se fait sur le mécanisme de la réaction engendrant ces symptômes.

L'intolérance alimentaire est due à des réactions intervenant après l'ingestion de l'aliment mais aucune de ces réactions ne fait appel à des mécanismes d'ordre immuno-allergique. L'exemple le plus représentatif est l'intolérance au lactose due à un déficit de l'individu en lactase. Après l'ingestion du lait, les symptômes apparaissent très rapidement sous la forme de douleurs abdominales, de diarrhées et de gaz (Dupont et Molkhou, 2000). La consommation de produits laitiers fermentés (yaourt) est un palliatif à ces désordres physiologiques car ces produits apportent leur propre lactase.

Les symptômes des fausses allergies alimentaires apparaissent aussi peu de temps après l'ingestion de l'aliment. Les manifestations cliniques sont très proches de l'allergie alimentaire vraie mais sans implication de mécanisme immuno-allergique. Les effets observés sont liés à la prise d'aliments riches en histamine (ou autres amines telle que la tyramine) ou à des aliments contenant des substances histamino-libératrices activant les mastocytes par un mécanisme non allergique (Worm et al., 2000; Buhner et al., 2004).

3. L'allergie aux protéines du lait de vache

L'allergie aux protéines du lait de vache (APLV) correspond à une réaction adverse, reproductible par hypersensibilité immunologique aux protéines lactées bovines. Il s'agit de la quatrième allergie alimentaire chez l'enfant derrière l'œuf, l'arachide et le poisson (Rancé et Bidat, 2000). La fréquence générale de l'APLV augmente régulièrement, comme les autres formes d'allergie. La prévalence est classiquement évaluée à 0,3 à 7,5% des jeunes enfants (Boudraa et al., 1994). En fait, il est plus exact de parler de 2 à 3% des enfants de moins de 2 ans dans les pays développés et 0,5% des enfants nourris au sein (Saarinen et al., 1999; Österlund et al., 2004). Elle serait de 22,9 à 24% chez les enfants atopiques (Saarinen, 2000). Le risque d'APLV apparaît plus élevé dans la fratrie.

L'APLV a un début précoce, souvent avant l'âge de six mois. Une sensibilisation in utero, un passage de petites doses de protéines du lait de vache dans le lait maternel, ou un premier biberon donné à la maternité pendant les trois premiers jours de vie favoriseraient la sensibilisation aux protéines du lait de vache (Host et Halken, 1990). Les facteurs de risques allergiques sont multiples; tels l'importance de la consommation d'aliments sensibilisants (lait de vache, œuf, arachide) par la mère pendant la grossesse et pendant l'allaitement, la précocité de la diversification alimentaire (Fergusson et al.,1990), l'environnement (animaux, tabac) les altérations de la barrière muqueuse intestinale (Isolauri, 1997) ainsi que des facteurs génétiques (Bousquet et Kjellman, 1986).

A la différence des autres allergies, l'APLV est transitoire (Saïdi et al.,1995). Elle s'estompe à partir de 12 à 18 mois et aura disparu vers l'age de 3 ans dans l'immense majorité des cas (Morali, 2004).

3.1. Manifestations cliniques

Au cours des deux premières années, donc chez le nourrisson, les manifestations peuvent s'observer au contact avec le lait de vache. Le plus souvent, les symptômes apparaissent assez rapidement au cours de la première semaine dans 41 à 70% des cas. Dans la majorité des cas, les symptômes sont multiples intéressant le revêtement cutané dans 50 à 75% des cas, des troubles digestifs dans 50 à 60% (Boudraa et al., 1994) et l'appareil respiratoire dans 20 à 30% (Host, 2002). Il peut s'agir de réactions immédiates apparaissant dans un délai de quelques minutes à trois heures ou d'une réaction retardée d'une heure à plusieurs jours. Un choc anaphylactique s'observe dans 5 à 9% des cas dans un délai de quelques minutes à trois heures. Une hypothèse très controversée avait suggéré qu'il pouvait être responsable d'une mort subite du nourrisson, ce qui n'a jamais été confirmé (Paupe et al., 2001).

3.2. Mécanismes physiopathologiques de l'APLV

L'APLV correspond à un dysfonctionnement du processus physiologique de la tolérance orale digestive aux protéines du lait de vache PLV et au déclenchement d'une réaction d'hypersensibilité. Les réactions d'hypersensibilité sont précédées par une période de sensibilisation pendant laquelle la réponse immune prend place, les cellules se sensibilisent et/ou les anticorps sont synthétisés. Elles ne peuvent coexister qu'avec des réactions immunes secondaires, mais leur apparition n'est pas de règle.

La classification des hypersensibilités en usage actuellement a été introduite par Coombs et Gell (1975) et se base sur les mécanismes clés responsables du développement des modifications pathologiques généralisées ou localisées. Les réactions de type I sont largement les plus fréquentes, l'hypersensibilité de type II n'intervient que de manière exceptionnelle dans les réactions immunitaires déclenchées par les aliments, les réactions de type III peuvent théoriquement intervenir vis-à-vis des aliments et ont été principalement décrites à propos de l'APLV, l'hypersensibilité de type IV, enfin est probablement le mécanisme responsable des formes entéropathiques de l'APLV (André, 1994). Cette présentation est toutefois schématique : il est possible d'observer une intrication des mécanismes impliqués; une forme réaginique peut avoir un mode de révélation retardée de plusieurs jours, certains patients peuvent avoir simultanément ou successivement des signes biologiques d'un type III (CIC contenant des anticorps spécifiques) et d'un type IV (patch positif) ou d'un type I (IgE spécifiques) et d'un type III (Morali, 2004).

Les réactions d'hypersensibilité se déroulent en deux phases distinctes, séparés dans le temps: une phase de sensibilisation suivie de la réaction allergique proprement dite.

3.2.1. Phase de sensibilisation

Le développement des réponses immunes aux antigènes alimentaires nécessite une série d'interactions moléculaires (et cellulaires) impliquant les cellules présentatrices d'antigènes CPA, les cellules T et les cellules B (Bohle, 2004). Les CPA apprêtent les structures antigéniques et les intègrent dans les molécules du complexe majeur d'histocompatibilité (CMH) de classe I et II, puis par l'acquisition d'outils spécialisés (sélectines, intégrines et molécules de costimulation), ils permettront la présentation antigénique et l'initiation de la réponse immunitaire

38

spécifique. Les lymphocytes T CD4$^+$ jouent des rôles distincts dans l'initiation, le développement et la régulation de la réponse immune. Lorsque les cellules Th0 naïves entrent en contact direct avec les CPA, elles sont activées en cellules matures de type Th1 ou Th2. L'orientation de la réponse immunitaire de type Th1 ou Th2 est régulée par plusieurs facteurs comme le répertoire lymphocytaire (diversité des lymphocytes), le microenvironnement cytokinique présent au cours de la présentation antigénique, la dose et la voie d'administration de l'antigène et le type de cellule présentatrice d'antigène (Romagnani, 2004). Ce processus de différenciation cellulaire est appelé « polarisation Th1/Th2 ». Les cytokines du milieu et leurs récepteurs cellulaires jouent un rôle essentiel dans l'induction de la polarisation des cellules T actives (figure 4) (Comerford et Nibbs, 2005). En effet, les cellules T migrent vers le site d'inflammation et se différencient selon le type de cytokine produite.

En présence de l'IL-4, elles se différencient en cellules Th2 et produisent des quantités élevées d'IL-4, IL5 et IL-13 et peu ou pas d'INFγ. IL-4 et IL-13 sont des facteurs importants qui orientent les cellules B vers la production d'IgE et d'IgG1 chez la souris et d'IgE et d'IgG4 chez l'homme (Sedlik, 1996; Murray, 1998). L'IL-5 est pour sa part, une cytokine permettant l'activation des éosinophiles, mais elle est capable également d'amplifier la production d'IgE. Ainsi, les cellules Th2 sont responsables de l'induction et le maintien des réactions d'hypersensibilité de type I (Mosmann et Sad, 1996). Des travaux ont montré que le terrain atopique de l'hôte est un des facteurs responsables de l'induction d'une réponse de type Th2 (Geha et al., 2003). De plus, le facteur de transcription GATA3 semble impliqué dans la régulation de la balance Th1 et Th2 en

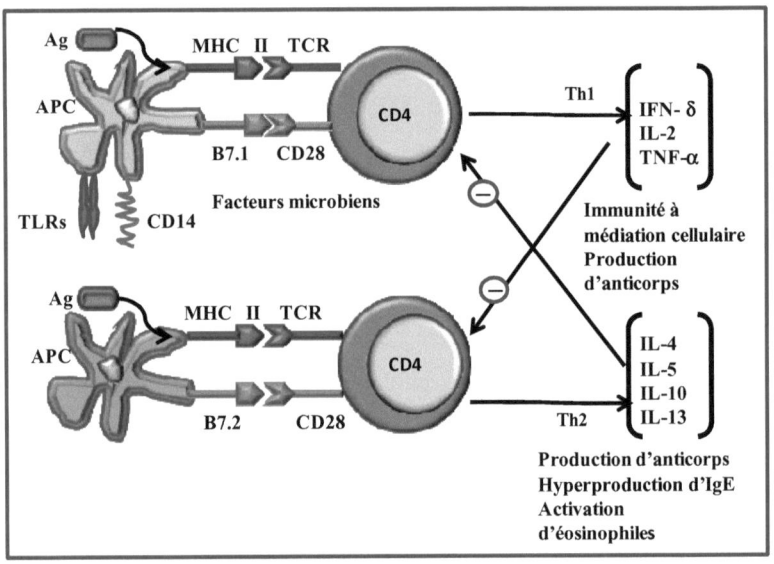

Figure 4. Représentation schématique de la polarisation des cellules Th1 et Th2 et de la sécrétion des cytokines.

 Ag : antigène; **MHC** : molécules du CMH de classe II; **TCR** : Récepteur cellulaire des cellules T ; **APC** : Cellules présentatrice d'antigène, **TLRs** : Toll-like réceptors ; **B7.1** et **B7.2** : molécules de co-stimulation ; **CD** : Cluster déterminant induisant la production de l'IL-4. Il engendre, par conséquent, une réponse de type Th2 (Usui, 2003).

En présence de l'IL-12, les lymphocytes T CD4$^+$ se différencient en cellules Th1 qui secrètent l'INFγ (antagoniste de l'IL-4), l'IL-2 et le TNF-α (active les macrophages). Ces cellules sont impliquées dans l'inflammation, les réactions d'hypersensibilité retardée et les réponses cytotoxiques. Ce type de réponse est caractérisé par l'activation des macrophages et la production des lymphocytes T cytotoxiques (Ito et al., 1997). Les cellules Th1 induisent des réponses immunitaires protectrices en favorisant la production d'anticorps dominée par l'isotype IgG2a chez la souris (Cavaillon et al., 1996).

Ainsi, la découverte de ces deux types de populations cellulaires (Th1 et Th2) a conduit à imposer un modèle solide de l'immunopathologie de l'asthme et des maladies allergiques, appelé paradigme Th2. Cependant, de nombreux arguments permettent de démontrer que le paradigme Th2 ne suffit pas à rendre compte de l'ensemble de l'immunopathologie des maladies allergiques (El Biaze et al., 2003). En outre, Il est de plus en plus clair que l'inflammation allergique est en relation avec une disrégulation des lymphocytes T régulateurs (Mamessier et al., 2005). L'histamine, qui a été considérée longtemps comme un médiateur effecteur de la réaction d'hypersensibilité immédiate, pourrait donc aussi être un médiateur régulateur de la réponse allergique en jouant un rôle dans ce dialogue entre les cellules Th1, Th2 et T régulateurs.

Il a été montré que l'histamine via le récepteur HR1, induit une augmentation de la sécrétion d'IL-2 et d'IL-10 provenant des lymphocytes CD4$^+$ et CD8$^+$ murins et au contraire provoque une diminution de la sécrétion d'IL-4 par les CD4$^+$ et d'INFγ par les CD8$^+$. Via le récepteur

HR2, l'histamine provoque aussi une augmentation de la libération d'IL-2 et d'IL-10 à partir des lymphocytes $CD4^+$ et $CD8^+$, mais induit une diminution de la production d'IL-4 par les $CD4^+$ et les $CD8^+$ ainsi que la production d'INFγ par les $CD8^+$ (Sonobe et al., 2004). L'histamine parait diminuer la prolifération des lymphocytes Th1 et augmenter celle des lymphocytes Th2 (Weltman, 2000).

Cependant, certaines données récentes viennent contredire ce rôle pro-Th2 de l'histamine, notamment chez l'homme. Selon ces travaux, il semblerait que l'histamine augmente la réponse de type Th1 en se liant au récepteur HR1, et au contraire, diminue la réponse de type Th1 et Th2 en se liant au récepteur HR2 (Jutel et al., 2001).

Toutefois, si certaines données apparaissent comme contradictoires concernant le rôle de l'histamine dans la balance Th1/Th2, il semble que cela soit du à la complexité du système qui comprend différents types de HR avec des fonctions différentes et dont, l'expression varie selon le stade de différenciation cellulaire, l'environnement et donc les conditions expérimentales (Botturi et Magnan, 2006).

3.2.2. Phase de déclenchement de la réaction allergique

Selon le délai entre l'ingestion du lait de vache (allergène) et l'apparition des symptômes cliniques, on distingue schématiquement trois catégories de manifestations pouvant toucher la peau, le tube digestif et l'appareil respiratoire : réactions cliniques immédiates (type I), intermédiaires (type III) ou retardées (type IV) (Morali 2004).

3.2.2.1. Réaction immédiate (Type I)

Les anticorps anaphylactiques encore appelés « réaginiques » désignent les anticorps de la réaction d'hypersensibilité de type I. Chez la souris, le rat et le cobaye, les anticorps anaphylactiques sont de type IgG1 et IgE. Chez l'homme ce sont essentiellement les anticorps IgE et peut être dans certains cas des IgG4 (Revillard, 1994).

Les anticorps spécifiques formés lors de contacts sensibilisants se fixent aux récepteurs de haute affinité RF cεI des mastocytes et les basophiles. A cause de leur récepteur de haute affinité pour les IgE, les mastocytes et les basophiles sont les premières cellules à initier les réactions d'hypersensibilité de type I (figure 5) (Kay, 2001). Les macrophages, les éosinophiles et les plaquettes peuvent également se lier à des IgE sur leur surface mais avec une moindre grande affinité (RFcεI,CD) ce qui ne leur confère qu'un rôle accessoire dans l'initiation de la réaction (Kawakami et Galli, 2002).

Lors d'un second contact, l'allergène qui se lie aux IgE spécifiques fixées à la surface des mastocytes et des basophiles entraîne leur pontage et le regroupement des récepteurs auxquels ils sont fixés. Tel est le signal de la dégranulation spécifique en présence d'antigène. Ce signal provoque des modifications métaboliques plus ou moins rapide (montée puis chute brutale de l'AMPc, méthylation des phospholipides, synthèse de phosphatidyl-inositol) qui aboutissent à la fluidification des membranes, à l'ouverture des pores de celles-ci, et la sortie des granules cytoplasmiques contenant les médiateurs chimiques dont le principal est l'histamine ainsi que d'autres médiateurs (PGD2, leucotriènes, PAF) et des cytokines pro-inflammatoires (Frossi et al., 2004). Outre leurs effets directs concernant la

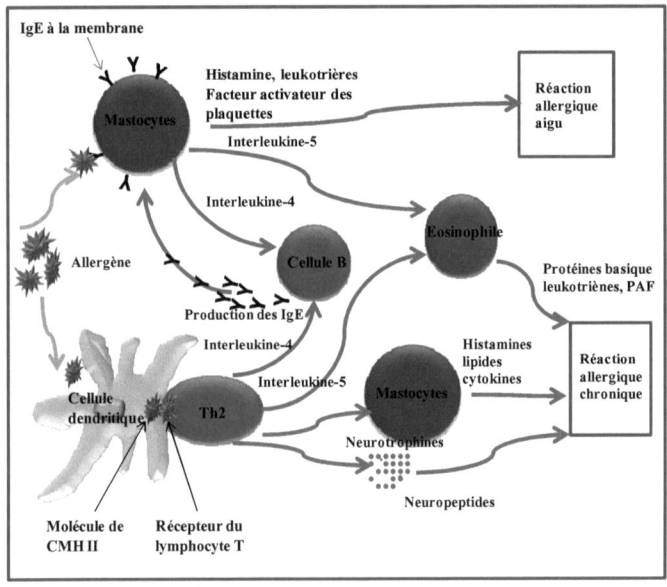

Figure 5. Rôle du mastocyte dans les réactions allergiques

44

vasodilatation et l'augmentation de la perméabilité capillaire, ces médiateurs attirent d'autres cellules (granulocytes éosinophiles) dans le tissu lésé et favorisent les réponses allergiques. C'est au cours de ce deuxième contact avec l'allergène que le sujet déclenche une manifestation clinique de nature allergique, plus au moins en fonction de chaque individu.

3.2.2.2. Réaction semi-retardée (type III)

Les antigènes alimentaires sont souvent absorbés en petites quantités par l'épithélium intestinal et peuvent former des complexes immuns avec les anticorps spécifiques présents dans la circulation particulièrement chez les sujets atopiques (Paganelli et al., 1981). Ces complexes immuns sont généralement éliminés rapidement par le système réticulo-endothélial et n'ont aucune importance du point de vue pathologique. Par contre, il en résultera une atteinte des tissus en présence d'une forte concentration de complexes, et la nature de l'atteinte dépendra d'une quantité excessive d'antigènes ou d'anticorps. Les manifestations cliniques de l'allergie semi-retardée surviennent huit à douze heures après la prise alimentaire et nécessitent souvent des stimuli répétés pour apparaître. Elles répondent à la formation de complexes immuns de type IgG ou IgM responsables d'une consommation du complément (fraction C3) et la production d'anaphylatoxines (C3a et C5a). Cette forme est responsable de la gastroentérite à éosinophiles et de troubles respiratoires chroniques (branchospasme, syndrome de Heiner) (Hay et Westwood, 2002).

3.2.2.3. Hypersensibilité retardée (type IV)

Cette forme d'allergie se révèle sous forme de réactions à médiations T lymphocytaire survenant un à deux jours après l'interaction entre l'antigène et les lymphocytes T sensibilisés (Britton, 2002). Ces cellules activées produisent des cytokines ainsi que d'autres facteurs solubles impliquées dans la réaction d'hypersensibilité. Il en résulte un afflux dans l'épithélium des lymphocytes T cytotoxiques activés et des cellules « Natural Killer » NK responsables de lésions d'atrophie villositaire de la muqueuse intestinale. L'altération tissulaire est la conséquence de la persistance de la stimulation antigénique. L'hypersensibilité de type IV est probablement le mécanisme responsable des formes entéropathiques de l'intolérance aux protéines du lait de vache.

L'activation des cascades immunes dans l'allergie alimentaire gastro-intestinale de type retardé est plus délicate et moins bien connue. Cependant, une accumulation des cellules lymphoïdes en forme de nodules et une faible augmentation de cellules Tγδ a été rapportée (Spencer et al., 1991, Kokkonen et al., 2000; Kokkonen et al., 2001). L'atrophie villositaire partielle et/ou l'accumulation des monocytes dans la lamina propria laissent suggérer que les symptômes de l'allergie alimentaire de type retardé semble résulter de l'imbalance des cytokines, probablement des cytokines de type Th2 et Th1 (Wakefield et al., 2000; Veres et al., 2003). Les biopsies intestinales des enfants atteints d'une allergie alimentaire gastrointestinale révèlent une stimulation de la sécrétion de l'INFγ et à un moindre degré une activation des cellules secrétant l'IL-4 (Haurer et al., 1997; Veres et al., 2003).

4. Fonction intestinale et APLV

4.1 Rappel anatomique de l'intestin grêle

L'intestin grêle est un organe important du tube digestif, tant par sa taille et par sa surface d'échange que par ses fonctions d'hydrolyse et d'absorption des aliments. Situé dans la cavité abdominale, l'intestin grêle se compose de trois parties présentant des caractéristiques structurales et fonctionnelles propres: le duodénum, le jéjunum et l'iléon. La digestion et l'absorption intestinales sont favorisées par l'amplification considérable de la surface d'échange grâce à l'importante longueur de l'intestin grêle replié en anses intestinales, à l'existence à la surface de la paroi intestinale de plis circulaires macroscopiques, les valvules conniventes, à la présence d'innombrables petites évaginations de la muqueuse, les villosités intestinales et enfin aux microvillosités des entérocytes (Ferraris et al., 1989; Habold, 2004).

La paroi de l'intestin grêle est formée de plusieurs couches qui sont, de la lumière du tube vers la séreuse: la muqueuse, la muscularis mucosae, la sous muqueuse et la musculeuse. La muqueuse est elle-même composée de trois couches: les villosités, les glandes de Lieberkühn et la couche lymphoïde. Chaque villosité comprend un épithélium de revêtement et un axe conjonctif, la lamina propria. L'épithélium des villosités est prismatique simple et comprend trois types cellulaires: les entérocytes, les cellules caliciformes et les cellules endocrines.

4.2. Fonction d'absorption et de sécrétion de l'eau et des électrolytes

L'homéostasie intestinale résulte de nombreux paramètres mutuellement dépendants. L'établissement d'un équilibre dépend de la capacité de la muqueuse intestinale à absorber les nutriments, des échanges hydro-électrolytiques et du maintien de la barrière épithéliale vis-à-vis des pathogènes et antigènes alimentaires. Cet équilibre implique de multiples interactions entre les cellules épithéliales, endocrines, stromales, immunitaires et la microflore. Tout dysfonctionnement peut conduire à une inflammation chronique locale, conduisant au déséquilibre des mécanismes d'absorption (nutriments, ions) et de sécrétion (ions, mucus et IgA).

4.2.1. Perméabilité à l'eau et aux électrolytes

Le tractus gastrointestinal est le siège de mouvements importants de fluides. Le transport de l'eau est bidirectionnel. Chez l'homme, approximativement 9 litres/jour d'eau d'origine alimentaire et digestive passent quotidiennement dans le tube digestif, la majorité (90%) étant réabsorbée dans le jéjunum et l'iléon (figure 6) (Powell, 1987; Ma et Verkman, 1999; Masyuk et al., 2002). Les fonctions d'absorption et de sécrétion au niveau du tractus gastrointestinal sont vitales pour le maintien respectivement de la digestion alimentaire et de la balance hydroélectrolytique. L'osmorégulation est assurée en particulier, par l'absorption intestinale. La plus grande partie de l'eau (~84%) présente dans tout l'intestin est absorbée de façon iso-osmotique par l'intestin grêle et le reste (~16%) par le gros intestin (Powell, 1987). Néanmoins, la partie distale de l'intestin est plus efficace que les autres segments dans l'absorption de l'eau et des électrolytes, celle-ci se faisant généralement contre le gradient osmotique.

La recirculation des fluides s'effectue le long de l'intestin, particulièrement après le repas. En effet, l'eau est secrétée dans la partie proximale du tractus gastrointestinal, permettant ainsi l'établissement rapide d'un équilibre osmotique du contenu intestinal, et est absorbée continuellement avec les nutriments (Powell, 1987; Chang et Rao, 1994).

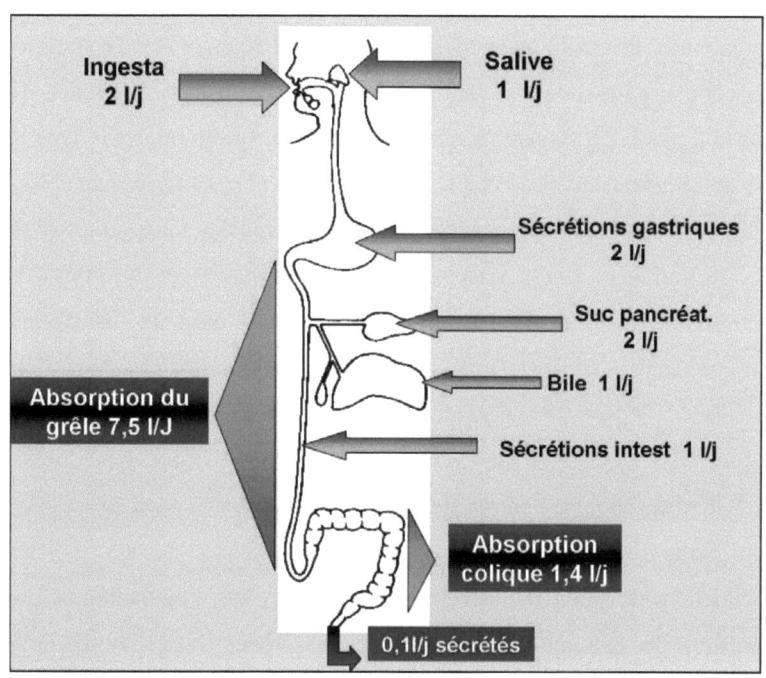

Figure 6. Bilan global des mouvements de l'eau et des électrolytes à travers le tube digestif

Le mouvement de l'eau peut emprunter différentes voies selon les différentes parties du tractus gastrointestinal (Carmosino et al., 2001).

Il est admis que le mouvement de l'eau à travers l'épithélium gastrointestinal se fait via les voies paracellulaire et transcellulaire. Ce dernier implique le passage à travers les membranes apicales et basolatérales des cellules épithéliales (Chang et Rao, 1994). Le transport transcellulaire de l'eau se fait selon trois mécanismes différents: (1) diffusion passive à travers la bicouche lipidique, (2) co-transport avec les ions et les nutriments (Loo et al., 1996; Meinild et al., 1998; Wright et Loo, 2000) et (3) diffusion via des canaux hydriques appelés aquaporines AQPs (Ma et Verkman, 1999; Masyuk et al., 2002; Nielsen et al., 2002). La contribution relative de ces trois mécanismes dans le mouvement transépithélial de l'eau le long du tractus gastrointestinal est loin d'être élucidée.

4.2.1.1. Absorption de l'eau et des électrolytes

Dans l'intestin grêle et le côlon, la sécrétion semble se faire essentiellement, sinon exclusivement dans les cryptes; l'épithélium le plus superficiel des extrémités des villosités est absorbant. Dans l'intestin grêle, l'absorption active de l'eau et des électrolytes est soit dépendante, soit indépendante des nutriments.

Le Na^+ est l'ion moteur principal de l'absorption. Celui-ci est absorbé en grande partie dans le jéjunum. Bien que l'absorption du Na^+ se fait principalement par la voie transcellulaire, un important mouvement du Na^+ emprunte la voie paracellulaire (Grubb, 1997).

4.2.1.1.1. Absorption dépendante des nutriments

L'absorption du glucose et des acides aminés neutres dépend du sodium, c'est-à-dire chaque molécule de glucose ou d'acide aminé traverse la bordure en brosse accompagnée de sodium. La pompe à sodium (ATPase Na^+/K^+), située exclusivement dans la membrane baso-latérale de l'entérocyte, extrait le Na^+ qui a pénétré dans la cellule à partir de la lumière afin de maintenir dans la cellule une faible concentration en Na^+, une forte concentration en K^+ et un potentiel électrique négatif. Cette pompe procure l'énergie potentielle pour l'absorption en amont du sucre et des acides aminés (figure 7) (Field, 2003). Pour chaque molécule de glucose absorbée par le co-transporteur sodium-glucose SGLT1, 2 molécules de sodium et 225 molécules d'eau sont ainsi transportées.

4.2.1.1.2. Absorption indépendante des nutriments

La plupart des mécanismes impliqués dans l'absorption active de l'eau et des électrolytes indépendante des nutriments, mettent en jeu l'ATPase Na^+/K^+ baso-latérale. Ces mécanisme sont des échangeurs Na^+/H^+ (NHE) et Cl^-/HCO_3^- situés dans la membrane apicale des entérocytes (figure 7) (Ainsworth et al.,1998; Field, 2003). Les mécanismes d'absorption au niveau du jéjunum sont différents de ceux observés dans l'iléon. Dans le jéjunum, le $NaHCO_3^-$ est absorbé via l'échange Na^+/H^+ (les ions H^+ secrétés neutralisent la quantité équivalente en HCO_3^- luminal) et le mouvement de Cl^- est purement passif. Dans l'iléon, (et dans le côlon) le NaCl est absorbé via les échanges Na^+/H^+ et Cl^-/HCO_3^-. Le NHE possède plusieurs isoformes.

Le NHE1 localisé dans la membrane baso-latérale régule le pH intracellulaire, tandis que NHE2 et NHE3 permettent l'absorption de sodium au pôle apicale.

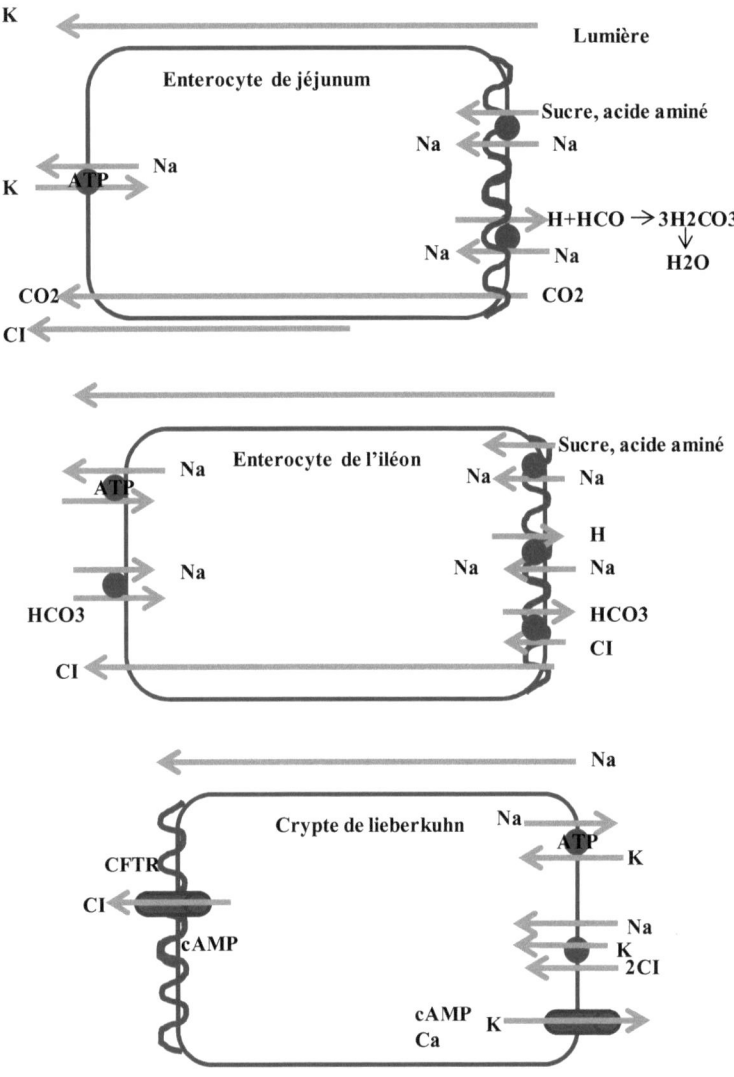

Figure 7. Transport des électrolytes dans l'intestin grêle

Deux autres échangeurs d'anions ont été trouvés dans la membrane de la bordure en brosse de l'intestin grêle et du côlon (figure 8) (Seidler et al., 2006). Il s'agit du « Down Regulated in Adenoma » (DRA) et du « Putative Anion Transporter 1 » (PAT1). DRA et PAT1 sont abondants dans le duodénum et sont présents à des densités plus élevées que NHE2 et NHE3 suggérant leur rôle dans l'alcalinisation duodénale. Dans le côlon, DRA semble prédominer par rapport à PAT1.

4.2.1.2. Sécrétion de l'eau et des électrolytes

L'entrée du chlore au pôle baso-latéral des entérocytes est jumelée à celle du sodium et du potassium par un co-transporteur triple ($Na^+/K^+/2Cl^-$) avec une stoechiométrie de 1 Na^+, 1K^+ et 2 Cl^-. Le sodium est secrété au pôle baso-latéral par la pompe Na^+/K^+. Le potassium internalisé par le co-transporteur $Na^+/K^+/2Cl^-$ et par la pompe Na^+/K^+ est libéré au pôle baso-latéral par les canaux potassiques. Le chlore enfin, est secrété dans la lumière intestinale ou au pôle baso-latéral par le co-transporteur $Na^+/K^+/2Cl^-$ ou par les canaux chlorures (figure 8) (Field, 2003). La sécrétion du Cl^- dans la lumière produit une différence de potentiel électrique positive vers la séreuse, ce qui assure une force de conduction nécessaire à la sécrétion de sodium par la voie paracellulaire (Diamond, 1982).

4.2.2. Perméabilité intestinale aux macromolécules

Les protéines ingérées sont absorbées au niveau intestinal principalement par les entérocytes sous forme dégradée (voie majeure 90%) mais peuvent également être absorbées sous forme intacte (voie mineure 10%) via la voie paracellulaire et la voie transcellulaire par les cellules M (Van Niel et al., 2001). Seulement, une faible fraction des

Membrane apicale

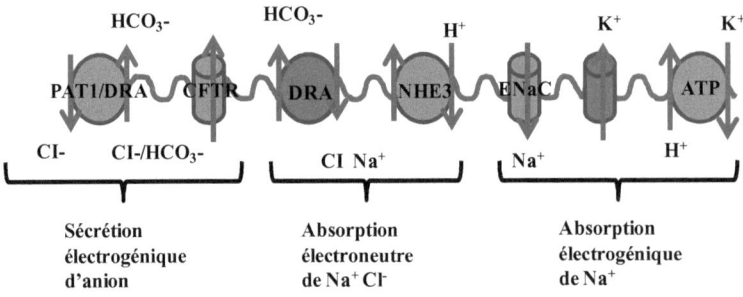

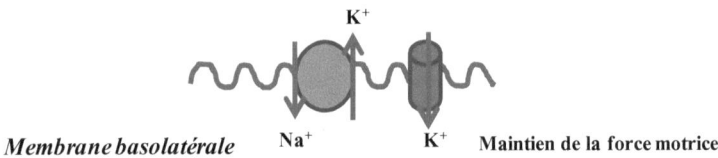

Membrane basolatérale Na⁺   K⁺   Maintien de la force motrice

Figure 8. Les voies majeures du transport ioniques impliquées dans la
régulation du mouvement du fluide dans intestin.

NHE3 : l'isoforme 3 de l'échangeur Na+/H+ ;
ENaC : canal épithélial du Na

protéines est absorbée sous forme intacte via la voie paracellulaire. Cette fraction est par contre, capable d'entraîner des réponses immunes spécifiques à l'antigène. En plus des jonctions cellulaires serrées et des cadhérines qui servent de barrières principales aux macromolécules (Madara, 1990; Higgins et al., 1998), les flux transcellulaires et paracellulaires sont hautement contrôlés par des pompes membranaires et des canaux ioniques adaptant la perméabilité aux besoins physiologiques (Baumgart et Dignass, 2002).

Chez les enfants sains nés à terme, les facteurs de croissance du colostrum activent la maturation de la muqueuse intestinale et la fermeture de la barrière intestinale et une perméabilité normale est rapidement observée après la naissance (Vukavic, 1984; Catassi et al., 1995). Durant les premiers mois de la vie la production des IgA sécrétoires est insuffisante dans l'intestin des enfants et ce sont les IgA sécrétoires du lait humain qui neutralisent les antigènes.

4.3. Altération de la fonction d'absorption et de sécrétion intestinale au cours de l'APLV

Au cours de la phase active de l'APLV, les dysfonctionnements principaux observés chez les enfants sont l'augmentation de l'absorption des antigènes et l'activation de la sécrétion de chlorures (Heyman et Desjeux, 2000).

L'augmentation de la perméabilité intestinale est associée à l'existence d'une inflammation de la muqueuse et à la rupture de la tolérance orale comme lors des réactions allergiques (Jalonen, 1991; Majamaa et Isolauri, 1996; Kalach et al., 2001), la maladie coeliaque (Kuitunen et Savilahti, 1996) et des maladies auto-immunes (Kuitunen et al., 2002). Elle est observée également chez des enfants prématurés

(Boehm et al., 1992). L'augmentation de la perméabilité aux macromolécules est due à la pénétration des antigènes alimentaires, dans la lumière intestinale, qui stimulent le système immunitaire local. La libération des cytokines et des médiateurs inflammatoires augmentent le passage à travers la barrière épithéliale conduisant à un cercle vicieux de l'inflammation (Chung et al., 2002). La cytokine pro-inflammatoire la plus incriminée dans ces mécanismes est l'INFγ. Elle semble être responsable de l'altération des jonctions serrées et de l'augmentation de la perméabilité intestinale paracellulaire de l'épithélium intestinal (Adams et al., 1993; Ferrier et al., 2003).

Les altérations du transport intestinal (augmentation et/ou diminution de l'absorption) constituent un mécanisme important dans la pathogenèse de la diarrhée. Elles peuvent contribuer dans l'expression des symptômes gastro-intestinaux de l'allergie alimentaire (Ahmed et Fuchs, 1997). Un grand nombre des médiateurs inflammatoires semblent stimuler la sécrétion électrogénique de Cl^- lorsqu'ils sont appliqués en chambre de Ussing aux muqueuses intestinales isolées de diverses espèces ou à des lignées cellulaires qui expriment les canaux apicaux de Cl^- telles les cellules T84, HT29 ou Caco-2. Parmi ces médiateurs, on retrouve les métabolites de l'acide arachidonique (Calderaro et al., 1991), les cytokines (Oprins et al., 2002), les métabolites réactifs de l'oxygène (Nguyen et Canada, 1994) ainsi que les substances libérées par les neutrophiles (Rocha et al., 2000), les macrophages, les mastocytes (Rocha et al., 2003), les plaquettes (Wardle et al., 1996). Quelques médiateurs inflammatoires semblent entraîner la sécrétion de Cl^- par l'activation des systèmes classiques des seconds messagers: AMPc, GMPc ou l'augmentation intercellulaire du Ca^{++}. Alors que la contribution d'autres médiateurs dans la transduction du signal intracellulaire reste encore débattue (Seidler, 2006).

5. Mesures préventives et thérapeutiques au cours de l'APLV

5.1. Prévention de l'APLV

La prévention de l'APLV pourrait être envisagée avant la naissance puisque la sensibilisation in utéro est possible. Si elle est la seule mesure préventive, l'éviction du lait de vache et de l'œuf du régime alimentaire de la femme gestante au cours du troisième trimestre de grossesse ne donne pas de résultats significatifs sur la prévalence de la dermatite atopique du nourrisson et sur la sensibilisation au lait à l'âge de six mois (Herrmann et al. 1996). Complétée par l'allaitement exclusif et prolongé pendant six mois, avec un régime maternel maintenu, cette stratégie parait efficace dans la prévention de l'APLV (Zeiger, 2003).

La pierre angulaire de la prévention de l'allergie est l'allaitement maternel. En effet, le lait maternel permet non seulement la nutrition du nourrisson, mais lui confère également une protection immunologique de la surface intestinale, site de rencontre avec la majeure partie des antigènes alimentaires et microbiens. Il a été montré que l'incidence des maladies infectieuses et inflammatoires est diminuée chez les enfants nourris au sein. Ceci est du à une diminution de l'exposition intestinale aux antigènes potentiellement délétères du lait bovin mais aussi à des facteurs liés au lait maternel lui même. Ces facteurs favorisent la colonisation intestinale par des bactéries bénéfiques et permettent le développement de réactions immunologiques intestinales favorables (Huet et al., 2006).

Cependant, malgré ces bénéfices, les nourrissons exclusivement allaités peuvent présenter des manifestations allergiques. On incrimine la présence dans le lait maternel d'antigènes ingérés par la mère (Isolauri et al., 1999). L'éviction complète de ces antigènes du régime de la mère entraîne une disparition des symptômes et le contrôle de l'inflammation allergique. Cependant, les régimes d'élimination empirique, s'avèrent fréquemment inefficaces (Kramer, 2000). L'allergie chez les enfants nourris au sein, suggère que leurs mécanismes intestinaux de défense sont altérés ou ont vu leur développement retardé (Grönlund et al., 2000). Il existe un consensus pour recommander l'allaitement maternel comme étant le meilleur moyen de prévention de l'APLV mais à condition que la durée soit de quatre mois (AAP, 1997). Un hydrolysat partiel en complément ou en remplacement de l'allaitement au sein assure un effet préventif équivalent. De même, l'utilisation d'un hydrolysat extensif en même temps qu'un ensemble de mesures préventives de l'atopie, pourrait aussi diminuer l'APLV se manifestant par des symptômes cutanés et digestifs (Arshad, 2005).

5.2. Traitement de l'APLV chez les nourrissons atopiques

L'essentiel dans le traitement de l'APLV est l'éviction absolue des protéines qu'il contient. Le régime d'éviction apaise les symptômes, préserve l'intégrité intestinale, prévient une absorption aberrante d'antigènes et rétablit l'équilibre de la réponse immunitaire humorale et cellulaire (Dupont et De Boissieu, 2003). Il est donc conseillé de poursuivre le plus longtemps possible et de façon exclusive l'allaitement maternel. Cependant, lorsque ce dernier doit être interrompu, ou qu'il est insuffisant et demande à être complété, on fait appel à des substituts.

En raison de l'importance particulière au plan nutritif du lait et des produits lactés chez le nourrisson, il est nécessaire d'utiliser des laits de substitution pendant le régime d'éviction. L'utilisation des laits d'autres espèces (chèvre, ânesse, brebis) est contre-indiquée en raison des réactivités croisées avec les PLV (Docena et al. 2002). Cependant, le lait de chamelle montre des propriétés intéressantes du fait de l'absence de la β-Lg et de la présence d'une β-caséine différente (Shabo et al., 2005).

L'apport des protéines entières de soja n'est pas recommandé par l'Académie Américaine de Pédiatrie (AAP) et le Comité Europpen dans la prévention et le traitement de l'ALPV du fait d'allergies associées et d'une trop grande importante concentration en phytoestrogènes (isoflavines tel le genistein) pouvant entraîner des effets délétères sur l'immunité (Osborn et Sinn, 2004).

Il en est de même des laits dits hypoallergéniques (HA) dont l'hydrolyse des protéines lactées n'est que partielle et incomplète. En effet, d'authentiques observations d'allergies aux protéines du lait de vache chez des enfants recevant ces formules ont été publiées (Isolauri et Turjanmaa, 1996). Chez les enfants allergiques, il a été recommandé de n'utiliser que les produits ayant fait la preuve de leur tolérance chez au moins 90% des enfants allergiques au lait avec un intervalle de confiance de 95%. Seuls les hydrolysats poussés de caséines ou des protéines de lactosérum du lait de vache peuvent satisfaire à cette exigence (Martin-Esteban et al., 1998). De tels hydrolysats ne devraient, cependant, pas contenir de lactose, pouvant être contaminé par des protéines, car le rôle de ces contaminants protéiques est certain dans l'entretien d'une APLV (Frémont et al., 1996).

5.3. Formules lactées hydrolysées

Les protéines du lait de vache représentent une charge antigénique importante. En réalité, l'antigénicité des protéines ne peut être efficacement réduite que par l'hydrolyse enzymatique ou la combinaison de l'hydrolyse enzymatique, du traitement thermique et /ou l'ultrafiltration. Actuellement, les préparations contenant des protéines hydrolysées dérivent de la caséine ou des protéines solubles du lait de vache. Trois types de produits à antigénicité réduite doivent être distingués selon le degré d'hydrolyse de leur protéines et/ou de leur contenu en acides aminés: les formules dites hypoallergèniques HP, les hydrolysats de protéines et enfin le mélange d'acides aminés (Viola et Sarrio, 2004).

Les formules dites hypoallergèniques sont des laits à protéines faiblement hydrolysées dont l'effet préventif a été montré dans plusieurs études sous réserve qu'ils soient utilisés chez des enfants à risque pendant une durée d'au moins quatre mois et de façon exclusive (Marini et al., 1996). Cependant, des réactions anaphylactiques à ces produits ont été décrites (Chandra, 1997).

Les hydrolysats de protéines qui correspondent à des formules dont les protéines sont extensivement hydrolysées contiennent des di, tri et oligopeptides de poids moléculaires réduits. Ces formules sont utilisées exclusivement chez des enfants ayant une allergie aux protéines du lait de vache avérée. Elles sont donc utilisées dans des buts curatifs (Moneret-Vautrin et al., 2001).

Enfin, les laits artificiels à base d'acides aminés libres sont utilisés actuellement en deuxième intention (après les hydrolysats de protéines conventionnels) dans les rares situations d'allergie aux hydrolysats de protéines (Goulet, 2000). Mais en raison de leur composition et de leur coût, il est totalement injustifié de les utiliser en première intention.

5.4. Effets du traitement technologique sur les allergènes du lait de vache

L'utilisation des procédés technologiques pour détruire partiellement ou totalement les allergènes, constitue l'une des stratégies suivies dans l'approche des problèmes de l'allergie alimentaire. Parmi les méthodes utilisées, il y a le traitement thermique, enzymatique, la haute pression et l'irradiation. Ces méthodes peuvent modifier la protéine allergénique en lui faisant perdre tout ou une partie de sa conformation et de sa structure secondaire. L'effet de ces modifications sur l'allergénicité de la protéine et sur l'aliment en entier peut être extrêmement variable (Wal, 2003). L'allergénicité peut être réduite dans des proportions importantes, sans que l'on sache toutefois si le seuil résiduel atteint sera suffisamment bas pour ne pas provoquer de réaction allergique chez les individus particulièrement sensibles. Elle peut rester inchangée lorsque les fragments peptidiques correspondant aux épitopes linéaires persistent après dénaturation et/ou dégradation partielle de la protéine. Elle peut même être éventuellement augmentée par formation de néoantigène, produits de la réaction de Maillard (Davis et al., 2001) .

5.4.1. Effets de l'hydrolyse enzymatique

L'hydrolyse enzymatique est fréquemment utilisée pour améliorer les propriétés nutritionnelles, fonctionnelles et technologiques des aliments. Dans l'industrie laitière, l'hydrolyse enzymatique est principalement utilisée dans la production de formules infantiles. Les enzymes (protéases) utilisées sont d'origine animale, végétale et microbiologique. Durant l'hydrolyse des protéines, les liaisons peptidiques sont coupées et les peptides et/ou acides aminés sont libérés.

La structure conformationnelle de la protéine est l'un des facteurs capables d'influencer la protéolyse. Les caséines qui possèdent une structure ouverte et flexible sont très susceptibles à l'hydrolyse enzymatique. En revanche, les protéines globulaires du lactosérum sont moins susceptibles à l'hydrolyse enzymatique à cause de leur structure compacte qui offre un accès limité aux protéases. La β-lg est très stable à l'hydrolyse par la pepsine à pH acide, reflétant sa stabilité élevée à la digestion gastrique (Breiteneder et Mills, 2005).

Cependant, les protéines du lait telles la β-Lg (Selo et al 1999), l'α-La (Maynard et al., 1997) et les caséines (Spuergin et al., 1996) sont très susceptibles à l'action de la trypsine et de la chymotrypsine. La protéolyse peut éliminer certains épitopes (conformationnels) dépendant de la spécificité de l'enzyme, et de la susceptibilité de l'épitope à l'enzyme.

Les travaux de Kananen et al. (2000) ont montré que l'hydrolyse des protéines du lait par la trypsine et/ou par la chymotrypsine diminue l'allergénicité des protéines du lait. Cependant, lorsque la diminution de l'allergénicité est obtenue, elle est souvent limitée.

L'importante stabilité des allergènes du lait a été décrite (Astwood et al., 1996). En effet, l'hydrolyse enzymatique engendre la libération de peptides de tailles différentes, qui conservent leur pouvoir allergénique. Les travaux de Prioult et al. (2005) ont montré que ces peptides allergéniques peuvent être hydrolysés par des bactéries intestinales. La réduction de l'allergénicité peut être attribuée à l'action des enzymes libérées par différentes souches. Ainsi, les travaux de Jedrychowski et Wroblewska (1999) ont montré une réduction de l'antigénicité du lait fermenté préalablement chauffé.

De plus, la fermentation du lactosérum et du lait écrémé avec *Lactobacillus bulgaricus et streptococcus thermophilus*, semble être très efficace dans la réduction de l'antigénicité de la β-Lg (Kleber et al., 2007). Les bactéries intestinales diminuent l'allergénicité des protéines non seulement par hydrolyse des peptides allergéniques mais également par stimulation du système immunitaire (Prioult et al., 2005). Ainsi, *Lactobacillus rhamnosus* prévient l'APLV probablement par l'hydrolyse des allergènes spécifiques et/ou par la libération de peptides capables de moduler le système immunitaire (Sütas et al., 1996).

Il a été montré que les bactéries probiotiques favorisent une réponse Th1/anti Th2 par la production de l'INFγ impliquée dans la prévention des allergies et par la diminution du taux d'IL-4 et par conséquent l'inhibition de la production des IgE (Coffman et Carty 1990; Aattouri et al., 2002). Cependant, ces effets anti-allergèniques sont rapportés pour un nombre limité de souches probiotiques : *Lactobacillus rhamnosus* GG (Kalliomäki et al., 2001, Rautava et al., 2002), *Lactobacillus Casei shirota* (Nagao et al., 2000) et *Lactobacillus Casei* DN114001 (Faure et al., 2001).

5.4.2. Effets du chauffage conventionnel

Le traitement thermique est l'une des techniques les plus fréquemment utilisées dans la technologie de l'industrie laitière. Il est utilisé pour détruire les microorganismes pathogènes et la flore présente dans le lait cru. Le chauffage entraîne différents effets sur les composants du lait dont l'altération de ses protéines (Davis et Williams, 1998). Ces changements de structure n'affectent à priori que les protéines globulaires, c'est-à-dire ayant une structure secondaire et tertiaire voire quaternaire. C'est le cas des protéines du lactosérum qui sont thermosensibles. Alors que les caséines, qui n'ont quasiment pas de structure secondaire, sont résistantes au chauffage.

Schématiquement, le chauffage d'une protéine globulaire provoque, s'il est d'intensité suffisante, des changements conformationnels irréversibles se traduisant par une perte de structure secondaire et tertiaire, c'est la phase de dénaturation (Bikker et al., 2000). Cette dénaturation est suivie par une phase d'agrégation des protéines dénaturées qui forment alors des structures supramoléculaires appelées agrégats dont le diamètre apparent peut atteindre plusieurs micromètres (Anema et Li, 2003a). Si la concentration en protéines est supérieure à une concentration critique, dépendante du type de protéines, les agrégats interagissent pour former un réseau tridimensionnel (gel). D'autres changements structuraux peuvent être induits par le chauffage tels la rupture des ponts disulfures et la réaction de Maillard.

Il est cependant utile de préciser que le niveau de dénaturation et d'agrégation subie par une protéine dépend de sa structure initiale et de sa concentration, de la température, du temps et du mode de chauffage utilisé, de paramètres environnementaux (pH et force ionique) ainsi que la présence d'autres molécules (Anema et Li, 2003b; Anema et al., 2004).

Les données citées dans la littérature montrent que les allergènes du lait de vache sont stables à la chaleur. Il est important de préciser que la stabilité à la chaleur n'indique pas nécessairement une stabilité structurale (au sens physico-chimique), mais la persistance d'une immunoréactivité après chauffage. La stabilité des allergènes du lait de vache à la chaleur semble dépendre des conditions de chauffage et qu'en réalité, dans la plupart des cas, c'est une simple diminution du potentiel allergénique qui est observé. Ainsi, l'ébullition du lait écrémé pendant 10 minutes, réduit de 50-66% l'allergénicité des protéines du lait (Gjesing et al., 1986; Wal, 2003).

Cependant, la conséquence la plus remarquable d'un chauffage est l'augmentation possible de l'immunoréactivité des protéines du lait (Matsuda et al., 1992; Sanchez et Frémont, 2003). Dans le cas d'une augmentation de l'immunoréactivité d'une protéine induite par le chauffage, deux causes ont été identifiées dans la littérature citée, un démasquage des épitopes par changement conformationnel et une modification chimique d'acides aminés par réaction de Maillard avec des sucres (Davis et Williams, 1998; Song et al., 2005).

5.4.3. Effets du chauffage par micro-ondes

Le four à micro-ondes a connu une expansion très rapide dans les cuisines collectives et ménagères aux Etats-Unis d'abord, puis en Europe, essentiellement pour raison de commodité : chauffage rapide, utilisation rapide et propreté. A la fréquence autorisée pour les fours ménagers (2 450 Mhz), l'énergie des micro-ondes est absorbée par les molécules polaires. Dans les aliments, elle sera essentiellement absorbée par l'eau et les ions. L'élévation de température observée dans les aliments soumis aux micro-ondes est la conséquence de l'augmentation de l'agitation moléculaire (frottement et collision) des dipôles et des ions qui s'orientent ou se déplacent alternativement à la fréquence imposée par le champ électromagnétique. La vitesse de chauffage et la répartition de la chaleur dans l'aliment dépendent des constantes physiques des ingrédients des aliments : constante diélectrique ou conductivité électrique, chaleur spécifique et coefficient de conductivité thermique (Sieber et al., 1996; Ohlsson et Bengtsson, 2001).

Le chauffage par micro-onde fournit beaucoup d'avantages à l'industrie laitière. Les micro-ondes peuvent être utilisés dans le chauffage, la pasteurisation, la stérilisation, la cuisson et le séchage (Vasavada, 1990 ; Young et Jolly, 1990). L'introduction de cette méthode alternative au chauffage conventionnel du lait souligne l'importance d'évaluer les effets induits par cette nouvelle méthode. Ceci a pour but d'établir les conditions appropriées qui permettent d'obtenir le degré de salubrité désirée avec un minimum de perte de la qualité du produit.

Dans ce sens, le chauffage du lait par micro-onde a été étudié d'abord pour déterminer l'inactivation des pathogènes (Choi et al., 1992; Choi et al., 1993) afin de valider son utilisation dans la pasteurisation (Lopez-Fandino et al., 1996; Villamiel et al., 1996a). Des études détaillées menées pour l'évaluation des changements chimiques et sensoriels permettent de s'assurer de la valeur nutritionnelle et de la salubrité du lait chauffé par micro-onde. Le traitement du lait aux micro-ondes entraîne l'isomérisation du lactose, la réaction de Maillard et la dénaturation des protéines semblables à celles observées obtenues avec le chauffage conventionnel. Ces effets sont plus prononcés avec le chauffage par micro-ondes à des puissances élevées (Villamiel et al., 1996a; Villamiel et al., 1996b; Valero et al., 2000).

La dénaturation est un phénomène commun qui se produit pour toutes les protéines chauffées. L'effet des micro-ondes sur la dénaturation des protéines a été comparé à celui du chauffage conventionnel. Les résultats obtenus à partir des expériences réalisées sur des systèmes modèles et des aliments (tels les protéines du lait, lactosérum), montrent l'identité des taux de dénaturation des protéines quelque soit le mode de chauffage (conventionnel ou micro-ondes) (Villamiel et al., 1996a). Cependant, la dénaturation des protéines obtenue avec le chauffage par micro-ondes à des puissances élevées semble plus importante (Villamiel et al., 1996b, Valero et al., 2000). Des travaux ont montré que la dénaturation des protéines obtenue suite au chauffage par micro-ondes n'est pas secondaire à l'hyperthermie mais résulte plutôt d'une excitation de la molécule (Bohr et Bohr, 2000). Ces effets induits par les ondes électromagnétiques perturbent la surface des protéines et affectent leurs propriétés de dénaturation et d'agrégation. Ceci laisse suggérer que le chauffage par micro-ondes affecte les protéines différemment et que les effets sur l'allergénicité lui seraient propres et méritent donc d'être explorés.

5.4.4. Effets du traitement aux rayons gamma

L'irradiation des aliments est pratiquée dans le domaine agroalimentaire essentiellement dans un but de la sécurité alimentaire. C'est un moyen efficace pour préserver les aliments, réduire les pertes et prolonger la durée de conservation des denrées traitées. Elle permet également de bloquer la germination de certains végétaux et d'éliminer les insectes et les parasites. L'application de l'irradiation sur les aliments, a commencé dans les pays industrialisés après les conclusions des comités d'expert FAO/FAEA/WHO affirmant l'absence de toxicité et de risque nutritionnel des aliments irradiés à des doses égales ou inférieures à 10kGy (WHO, 1999).

L'irradiation des aliments est un procédé physique qui consiste à exposer un produit aux radiations ionisantes telles les rayons gamma émis par les radio-isotopes ^{60}Co et ^{137}Cs ou les électrons accélérés ou les rayons X. Selon CGSIF, les denrées alimentaires destinées à l'alimentation humaine ou animale sont traitées exclusivement au moyen des rayons gamma du ^{60}Co (CAC, 2003). En USA, FAD autorise l'utilisation des rayons X (FAD, 1997).

L'énergie des radiations utilisées dans le traitement des aliments entraîne des changements chimiques de l'aliment, mais aucune modification susceptible de rendre l'aliment radioactif n'est produite

(Farkas, 2006). Le produit absorbe l'énergie sans jamais entrer en contact direct avec la source de rayonnement (IGGF, 1991). La dose d'irradiation appliquée à l'aliment est mesurée en terme de kilograys (kGy) qui correspond à la quantité d'énergie (d'irradiation) reçu par kilogramme d'aliment.

Les rayons gamma ont une petite longueur d'onde et une fréquence importante. Ils pénètrent dans l'aliment rapidement de manière à ce qu'aucune chaleur n'est produite. Lorsqu'ils sont de niveau d'énergie intermédiaire (1-10 kGy), les radiations ionisantes pénètrent dans l'aliment. Il se produit alors, au niveau moléculaire et atomique, des collisions entre les radiations ionisantes et l'aliment. Les ions pairs se forment lorsque l'énergie issue de cette collision est suffisante pour déplacer un électron de son orbitale atomique. Des changements moléculaires se produisent lorsque l'énergie fournie par les collisions est suffisante pour rompre les liaisons chimiques entre les atomes et dont la conséquence la plus importante est la formation de radicaux libres.

Les radicaux libres formés, tels l'oxygène réactif induisent des changements conformationnels des protéines (Dyson, 1998). Les changements chimiques des biopolymères, telles les protéines, induits par l'irradiation sont la fragmentation, les réactions croisées, l'agrégation et l'oxydation par les radicaux d'oxygène générés par la radiolyse de l'eau. Ces changements semblent se produire simultanément et leurs taux dépendent de la nature chimique de la protéine, de son état physique et des conditions d'irradiation (Woods et Pichaev, 1994).

L'effet des rayonnements gamma semble dépendre de plusieurs facteurs tels la concentration en protéine, la présence de l'oxygène et de la structure quaternaire des protéines. Les radicaux hydroxy et les radicaux de

68

l'anion superoxyde générés par l'irradiation modifient la structure primaire des protéines et entraîne la perte (distorsion) des structures secondaire et tertiaire. L'irradiation entraîne généralement des changements irréversibles au niveau moléculaire par rupture des liaisons covalentes des chaînes polypeptidiques (Kempner, 2001).

Les travaux menés pour évaluer les effets des rayons gamma sur l'allergenicité, se sont basés principalement sur l'irradiation de protéines purifiées (allergène isolé). Dans la littérature citée, il a été montré que l'irradiation diminue l'allergénicité des protéines du lait de vache (Lee et al., 2001). Des résultats similaires ont été obtenus avec d'autres allergènes tels l'ovalbumine et la tropomyosine (Byun et Lee, 2002). Alors que l'irradiation d'autres protéines semble augmenter l'allergénicité (Leszczynska et al., 2003). Les effets des rayons gamma sont fortement influencés par les conditions du traitement. En effet, il semblerait que l'effet de l'irradiation sur les protéines diffère sensiblement, selon que la protéine soit traitée seule ou dans un aliment (Cieśla et al., 2000) et pourrait donc affecter l'allergènicité différemment. Très peu sont les travaux réalisés dans ce domaine (Atsushi et al., 2005; Zhenxing et al., 2007).

Matériels et méthodes

1. Animaux

Toute l'expérimentation animale a été réalisée en utilisant le lapin néozélandais et la souris Balb/c.

1.1. Lapins

Les lapins utilisés sont des albinos de la race néo-zélandaise. Ils ont été acquis auprès d'un centre d'élevage à Sidi Bel Abbés. Pendant toute la durée de l'expérimentation, les animaux sont maintenus dans l'animalerie du laboratoire de Physiologie de la Nutrition et de Sécurité Alimentaire dans des cages appropriées munies de mangeoires et de biberons. Ils reçoivent *ad libitum* un aliment sous forme de granulés, fourni par l'Office National pour l'Alimentation du Bétail (ONAB).

1.2. Souris

Dans ce travail nous utilisons des souris de souche Balb/c obtenues auprès de l'Institut Pasteur d'Alger. Ce sont des souris femelles élevées et acclimatées avant toute manipulation dans l'animalerie du laboratoire de Physiologie de la Nutrition et de Sécurité Alimentaire dans des conditions d'hébergement conformes à la réglementation. Les animaux sont nourris à l'aide d'un régime conventionnel pour rongeurs (ONAB) et abreuvés à l'eau *ad libitum*.

2. Protéines du lait et réactifs

2.1. Fractions pures des protéines

Les fractions pures de β-lactoglobuline et d'α-lactalbumine proviennent de chez Sigma. Elles sont utilisées pour l'immunisation des animaux.

2.2. Obtention des protéines du lactosérum

Les protéines de lactosérum sont obtenues à partir du lait de vache fraîchement collecté dans une ferme d'élevage bovin de la région oranaise pour le lait destinée au traitement aux micro-ondes, et d'une autre ferme d'élevage bovin à Alger pour le lait destiné au traitement aux rayonnements gamma.

3. Traitements technologiques du lait

3.1. Chauffage aux micro-ondes

3.1.1. Constitution des échantillons expérimentaux

Le lait fraîchement collecté est débarrassé de la matière grasse par centrifugation à 3500 trs/min à 4°C pendant 10 minutes. Le volume traité est ensuite fractionné en 3 parties selon les besoins des différents protocoles suivis (figure 9):

➢ La première partie est constituée de lait écrémé.

➢ La deuxième partie est transformée en lactosérum par précipitation à pH 4,6 par addition de HCl 0,1 N (pH isoélectrique des caséines). Après centrifugation à 3500 tours/minutes pendant 15 minutes, le surnageant correspondant au lactosérum est récupéré.

➢ La troisième partie permet la constitution des différents échantillons qui serviront de témoins expérimentaux.

3.1.2. Protocole de traitement aux micro-ondes

Les échantillons de lait et de lactosérum sont aliquotés en volume de 200 ml dans des erlens en verre. Ils sont ensuite soumis à l'action du rayonnement micro-onde à l'aide d'un four de modèle Whirpool muni d'une plaque tournante selon la procédure suivante (figure 9):

74

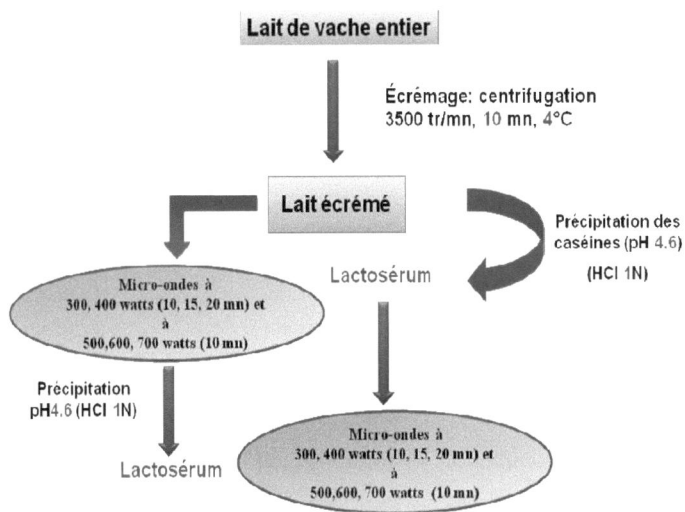

Figure 9. Protocole du traitement du lait et de son lactosérum aux micro-ondes.

Un premier lot d'échantillons de lait et de lactosérum est traité à 300 watts et 400 watts. Pour chaque niveau de puissance, la durée de chauffage est de 10, 15 ou 20 minutes.

➤ Un deuxième lot d'échantillons également de lait et de lactosérum est soumis aux micro-ondes à 500, 600 et 700 watts. La durée de traitement pour chaque palier de puissance est de 10 minutes.

3.2. Irradiation aux rayons gamma

3.2.1. Constitution des échantillons à irradier

Le lait fraîchement collecté est également écrémé puis réparti en deux parties :

➤ La première est destinée à produire du lactosérum selon la procédure décrite. Ce lactosérum est à son tour aliquoté en deux fractions: liquide et lyophilisée.

➤ La deuxième partie est également fractionnée en deux volumes :
   o Un volume de lait sous forme liquide.
   o Un autre volume sous forme de poudre lyophilisée.

En définitive, l'irradiation va porter sur les lots suivants (figure 10):

➤ Du lait écrémé liquide.

➤ Du lait lyophilisé

➤ Du lactosérum liquide

➤ Du lactosérum lyophilisé

A chaque lot expérimental correspond un échantillon témoin non irradié.

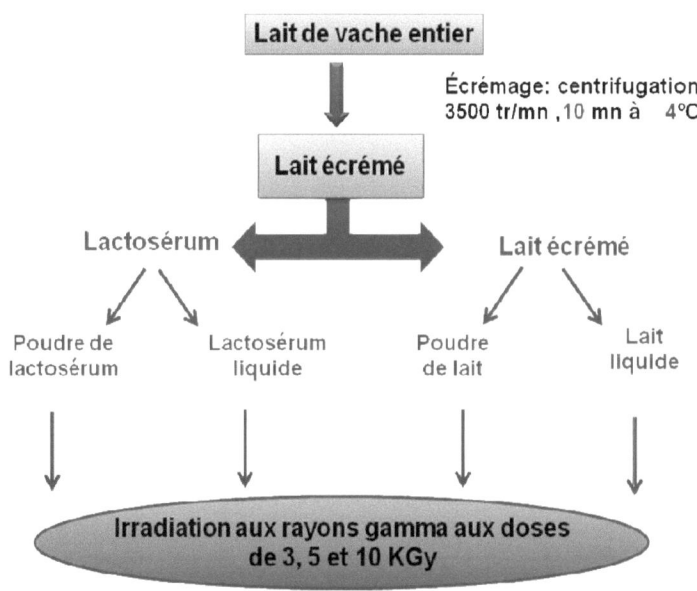

Figure 10. Représentation schématique de la répartition des échantillons de laits et de lactosérums et leur protocole d'irradiation

3.2.2. Protocole d'irradiation

3.2.2.1. Conception d'une installation d'irradiation

Quel que soit le type de rayonnement, une installation d'ionisation est constituée d'une source émettrice de radiation enfermée dans un bloc à béton ou casemate de 1 à 1,5 m d'épaisseur assurant la protection biologique.

Un schéma type de l'irradiation pilote du Centre de Recherche Nucléaire d'Alger (CRNA) est illustré dans la figure 11.

L'irradiateur gamma dispose d'un système de source linéaire composé d'un panneau portant 3 crayons. Les crayons se regroupent verticalement sur un cadre porte-source en acier inoxydable, et renferme chacun des billes de ^{60}Co radioactives émettrices de rayons gamma (Lacroix, 1991).

3.2.2.2. Principe de fonctionnement

L'irradiateur délivre à l'aliment une dose d'énergie électromagnétique donnée. Cette dose d'énergie émise sera absorbée par unité de masse du produit à irradier et dépend de l'activité de la source, de la durée d'exposition à l'action des radiations ionisantes et de la distance du produit par rapport à la source. Les opérations de montée et descente du porte-source et les fonctions de sécurité sont programmées à partir d'un pupitre de commande situé à l'extérieur de la cellule.

A l'arrêt de l'irradiation, la source est stockée par immersion dans une piscine aménagée sous la casemate, à l'aide d'un dispositif de descente automatique.

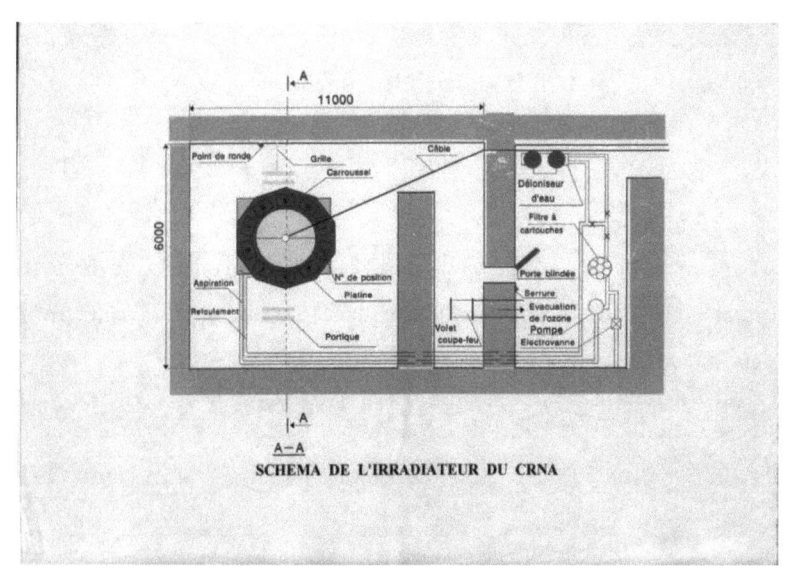

Figure 11 : Schéma de l'irradiateur du CRNA

3.2.3. Irradiation des échantillons

L'irradiation a été réalisée à l'irradiateur gamma du (CRNA) qui est équipé d'une source de cobalt ^{60}Co d'une activité de 31,3 kilocuries (Kci). Le débit de dose à la position de l'irradiateur a été déterminé à l'aide du dosimètre de Fricke dont le principe est basé sur la radiooxydation des ions ferreux en ions ferriques (Holm et Berry, 1970).

Les échantillons de lait et de lactosérum liquides ou lyophilisés reçoivent, à température ambiante et en présence d'air, des rayons gamma à des doses de 3, 5 ou 10 kGy durant leurs temps d'exposition (Lee et al., 2001), selon le protocole suivant :

3.2.3.1. Lait et lactosérum non lyophilisés

Le lait et le lactosérum sont mis dans des flacons de verre pyrex maintenus dans des poches de glace pendant l'irradiation. La dosimétrie de Fricke a déterminé un débit de dose de 34,05 Gy/mn.

Les échantillons de lait et de lactosérum irradiés aux doses de 3, 5 ou 10 kGy, sous forme liquide, sont congelés lyophilisés puis conservés à température ambiante.

3.2.3.2. Lait et lactosérum lyophilisé

4 g de poudre de lait ou de lactosérum lyophilisés sont mis dans des piluliers en verre. Ces échantillons reçoivent un débit de dose de 13,07 Gy/mn leur permettant d'absorber les doses de rayons gamma appliquées 3, 5 ou 10 kGy. Les poudres sont conservées à température ambiante après irradiation.

4. Analyses biochimiques

4.1. Electrophorèse sur gel de polyacrylamide en présence de SDS

4.1.1. Principe

Les protéines peuvent être séparées en grande partie en fonction du poids moléculaire par électrophorèse sur gel de polyacrylamide dans des conditions dénaturantes.

L'électrophorèse sur gel de polyacrylamide en présence de sodium dodécyl sulfate (SDS) est rapide, sensible et capable d'un haut degré de résolution. Le mélange de protéines est tout d'abord dissous dans une solution de SDS, détergent anionique qui rompt presque toutes les interactions non covalentes présentes dans les molécules natives. Le mercaptoéthnol est également ajouté afin de réduire les liaisons disulfures. Les anions du SDS se lient aux chaînes principales dans le rapport d'environ une molécule de SDS pour deux résidus acide aminé, donnant au complexe SDS-protéine dénaturée une charge négative importante, approximativement proportionnelle à la masse de la protéine. La charge négative acquise par la fixation du SDS est habituellement beaucoup plus grande que la charge de la protéine native; cette charge native est ainsi rendue négligeable.

4.1.2. Matériels

Le matériel d'électrophorèse provient de chez Bio-Rad. L'acrylamide, le bis-acrylamide, le Temed, le glycerol, la glycine et le méthanol sont des produits Sigma (France). Le Tris, le SDS, le persulfate d'ammonium, l'acide acétique, le bleu de bromophenol et le bleu de Coomassie sont des produits Merck (France).

4.1.3. Mode opératoire

Dans le cadre de ce travail, deux gels à concentration différente en acryl-bis acrylamide sont utilisés ; un gel de concentration (5%) et un gel de séparation (12,5%) (Tableau 3).

Les échantillons, dissous dans le tampon d'échantillon, sont déposés dans des puits formés dans le gel (tableau 4 et 5). La migration se fait sous tension de 80 volts pendant 1h 30 minutes. Après migration, le gel est démoulé et mis dans une solution d'acide trichloroacétique (TCA) à 10%.

La révélation se fait par coloration au bleu de Coomassie et la décoloration à l'aide d'une solution de décoloration (tableau 6).

4.2. Dosage des protéines du lait selon la méthode de Lowry et al., 1951

4.2.1. Principe

La méthode de Lowry permet le dosage des protéines en combinant la réaction au biuret et le réactif Folin-Ciocalteu. Le réactif Folin-Ciocalteu réagit avec les groupements tyrosines et tryptophanes pour donner une coloration bleue qui s'ajoute à celle de biuret, et qui est proportionnelle à la quantité de protéines de l'échantillon. La grande sensibilité de la méthode de Lowry est sa principale qualité, pouvant atteindre 5 à 10 µg.

4.2.2. Matériels

Le carbonate de sodium et le réactif de Folin proviennent de chez Prolabo (France). Le sulfate de cuivre, le tartrate de potassium et de sodium sont des produits Merck (France). La SAB est un produit Sigma (France).

Tableau 3 :- Solutions pour la préparation des gels de polyacrylamide-SDS 5 % et 12,5%

Solutions	Gel de concentration (5%)	Gel de séparation (12,5%)
Tris 1M pH 8,8	–	4,05 ml
Tris 1 M pH 6,8	0,625 ml	–
Acryl-bis acryl 30%-0,8%	0,83 ml	4,405 ml
H_2O	3,25 ml	1,935 ml
SDS 10%	0,050 ml	0,105 ml
Persulfate d'ammonium 5%	0,050 ml	0,100 ml
Temed	0,025 ml	0,050 ml

Tableau 4 :- Composition du tampon d'échantillon

Tris HCl 1 M pH 6,8	6,25 ml
β-mercaptoéthanol	5 ml
Glycérol	10 ml
SDS	2,3 g
Bleu de bromophénol 0,1%	1 ml
H_2O qsp	100 ml

Tableau 5:- Composition du tampon de migration

Glycine	14,4 g
Tris	3,3 g
SDS	1 g
H_2O qsp	1000 ml

Tableau 6 :- Composition des solutions de coloration et de décoloration

A. Solution de coloration

Bleu de Coomassie R 250	0,2%
Méthanol	50 %
Acide acétique	10 %
H_2O qsp	1000 ml

B. Solution de décoloration

Méthanol	50%
Acide acétique	10%
Glycérol	10%
H_2O qsp	1000 ml

4.2.3. *Dosage des protéines*

Le dosage des protéines se fait sur des échantillons témoins de lait et de lactosérum. La concentration des protéines totales est déterminée par mesure de l'absorbance en spectrophotométrie à 750 nm en comparaison à une courbe étalon obtenue avec la sérum albumine bovine (tableau 7).

5. Production des anticorps

Les anticorps anti β-Lg et anti α-La ont été préparés chez les lapins.

5.1. Sensibilisation des lapins aux PLV

18 sujets âgés de 2 à 3 mois et pesant 1,5 à 2,7 kg sont répartis en trois lots comprenant chacun 6 animaux.

Le premier lot (n=6) est sensibilisé par une fraction purifiée de β-Lg (Sigma).

Le deuxième lot (n=6) est immunisé par l'α-La purifiée (Sigma).

Le troisième lot (n=6) constitue le groupe de témoins ne recevant aucun agent sensibilisant.

5.2. Adjuvants complet et incomplet de Freund

Les adjuvants complet (ACF) et incomplet de Freund (AIF) proviennent de chez Sigma. Ils sont constitués à base d'huile de paraffine (85%) et de mannide monooleate (15%). L'adjuvant complet de Freund est complété par une suspension à 0,005% de *Mycobacterium tuberculosis* tués.

L'ACF ne peut être administré qu'une seule fois au même animal. En effet, des injections répétées peuvent provoquer une réaction anaphylactique fatale. C'est pourquoi, il est recommandé de n'injecter

Tableau 7 :- Composition des solutions utilisées pour le dosage des protéines selon la technique de Lowry et al.1951

Solution A	NaCO$_3$	2% dans de la soude 0,1 N
Solution B	CuSO$_4$	5%
Solution B2	Tartrate de K et de Na anhydre	10%

Solutions à préparer extemporanément :

Solution B : 1 ml de solution B1 + 1 ml de solution B2 + 8 ml d'eau distillée.

Solution C : 1 ml de la solution B + 50 ml de la solution A.

Solution E : Réactif de Folin dilué au demi dans de l'eau distillée.

que l'AIF lors des rappels (Griswold, 2002). Ce type d'adjuvant est connu pour induire une réponse de type Th1.

5.3. Protocole de sensibilisation

Le protocole de sensibilisation a été adapté d'une méthode décrite par Walker et al. (1973). Selon le lot concerné, les lapins reçoivent une primo-injection par voie sous-cutanée d'une suspension d'immunogène. Les solutions à injecter sont préparées à partir d'un volume de 0,5 ml d'une suspension d'adjuvant complet de Freund (ACF) émulsionné, à volume égal, avec une solution de sérum physiologique contenant 2 mg de β-lg ou d'α-La purifiée. La dose injectée est répartie sur 10 points le long de la colonne vertébrale de l'animal.

Dans les mêmes conditions d'injection, des rappels sont effectués au 7ème, 20ème et 30ème jour du protocole avec une solution contenant 0,5 ml d'adjuvant incomplet de Freund (AIF) émulsionné avec un volume égal de sérum physiologique contenant 1mg de protéine sensibilisante.

5.4. Obtention des sérums

Un prélèvement sanguin est effectué à J_0, avant toute immunisation, à partir de la veine marginale de l'oreille des lapins. Une semaine après le dernier rappel (Js), les animaux sont sacrifiés et le sang est prélevé par ponction à partir de la veine cardiaque. Le sang est mis dans des tubes héparinés, puis il est centrifugé à 3500 tours/minute à 4°C pendant 15 minutes.

Le surnageant correspondant au sérum est séparé du culot globulaire, mis en aliquote puis congelé à - 20°C jusqu'à utilisation ultérieure.

5.5. Titrage des IgG sériques par la méthode ELISA

Afin d'apprécier le degré de sensibilisation des lapins immunisés à la β-lg ou à l'α-La purifiée, nous avons utilisé la technique immunoenzymatique ELISA (Enzyme Linked Immuno Sorbent Assay).

5.5.1. Principe de la méthode ELISA

Cette technique nécessite une phase solide (l'immuno-adsorbant) sur laquelle l'antigène (les protéines du lait) se fixe par adsorption. Le dosage est effectué sur des plaques de microtitration en polystyrène à 96 puits (NUNC, puits à fond plat) qui permettent l'adsorption de la plupart des protéines diluées en milieu alcalin. Dans un deuxième temps, on rajoute le sérum contenant les anticorps spécifiques du lactosérum puis on révèle la présence de ces anticorps par l'addition d'un conjugué constitué d'anticorps anti-immunoglobuline G de rat marqués à la peroxydase obtenus chez la chèvre (Sigma). La dernière étape consiste à doser l'enzyme marqueur à l'aide d'un substrat spécifique à l'enzyme, le peroxyde d'hydrogène (H_2O_2). Pour détecter le radical O formé pendant la réaction enzymatique, on ajoute un chromogène, l'orthophénylène diamine (OPD).

5.5.2. Matériels

Le matériel utilisé provient de chez Labsystem. Le carbonate de sodium, le bicarbonate de sodium, le sodium hydrogeno-phosphate, le citrate de sodium et l'acide sulfurique proviennent de chez Merck (France). Le chlorure de sodium et le chlorure de potassium proviennent de chez Prolabo (France). Le potassium phosphate monobasique, le potassium phosphate dibasique, le Tween 20, l'OPD, le peroxyde d'hydrogène, l'anti

IgG (de lapins) couplé à la peroxydase, la β-Lg et l'α-La sont des produits Sigma (France).

5.5.3. Procédure

- La plaque est d'abord mise au contact de l'antigène (β-Lg ou α-Lg purifiées) dilué à la concentration de 2 µg/ml de tampon carbonate-bicarbonate 0,01M à pH 9,6 (tableau 8). Chaque puits reçoit 100µl de la solution d'antigène. La plaque est mise à incuber pendant une heure à 37°C.

- La plaque est vidée puis lavée 10 fois de suite à l'aide du laveur automatique (Elx 50) puis séchée. Le lavage se fait avec un tampon PBS-Tween 20, 0,01 M à pH 7,4 afin d'éliminer l'excès d'antigène non fixé.

- 100 µl de PBS-Tween 20 sont répartis sur tous les puits. Nous déposons ensuite 50 µl de sérum contenant les anticorps préalablement dilués au 1/10ème dans les puits de la rangée A de la plaque, réalisant ainsi une dilution de sérum de 1/30ème.

- A partir de la ligne A, une série de dilution de raison 3 est effectuée en direction des puits des autres rangées, jusqu'à la dernière ligne H au niveau de la laquelle la dilution finale du sérum obtenue est de 1/65610ème.

- La plaque est incubée pendant une heure et demi à 37 °C, puis lavée 10 fois de suite au PBS-Tween 20 et séchée. Chaque puits reçoit 100 µl d'anticorps anti-IgG conjugués à la peroxydase. Les antisérums sont préalablement dilués au 1/3000ème dans le PBS-Tween 20.

- La plaque est incubée à 37°C pendant une heure puis rincée 10 fois de suite au PBS-Tween 20 et séchée. 5 mg de chromogène

Tableau 8 :- Composition des solutions et tampons utilisés pour le dosage des IgG par la méthode Elisa.

A. Tampon carbonate bicarbonate pH 9,6

Na_2CO_3	0,015 M
$NaHCO_3$	0,035 M
H_2O qsp	1000 ml

B. Tampon PBS-Tween 20 (0,05%) pH 7 ,4

NaCl	8 g
KH_2PO_4	0,2 g
Na_2PO_4	1,15 g
KCl	0,2 g
Tween 20	0,5 g
H_2O	1000 ml

C. Tampon citrate pH 4

Citrate de sodium	0,1 M
Acide acétique	0,1 M
Mélanger dans un rapport de 1/8 (V/V)	

l'orthophénylène diamine (OPD), sont dilués dans 26 ml de tampon citrate à pH 4 mélangés avec 15 µl de H_2O_2. 100 µl de la solution finale sont déposés dans chaque puits. La plaque est agitée pendant 15 minutes sous obscurité.

- La réaction enzymatique est stoppée par addition de 50 µl de H_2SO_4 6 N dans chaque puits. L'intensité de la réaction colorimétrique est mesurée à 492 nm à l'aide d'un lecteur automatique (Universal Microplate Reader Elx 800).

6. Réactivité des laits traités vis-à-vis des IgG anti β-Lg et anti α-La

Dans notre contexte, la réactivité des échantillons traités aux micro-ondes ou aux rayons gamma par les IgG spécifiques de la β-Lg et de l'α-La purifiées (obtenues chez les lapins) est déterminée également par la technique immunoenzymatique ELISA décrite ci-dessus.

7. Mise en place d'un modèle murin d'allergie aux PLV

Nous avons choisi la souris Balb/c, comme modèle d'étude, car elle est caractérisée par un complexe majeur d'histocompatibilité relativement proche de celui de l'homme et par une balance Th1/Th2 plus nette et plus facile à mettre en évidence que chez l'homme. La réponse de type Th2 est associée à la production d'IgG1 et d'IgE. Alors qu'une réponse de type Th1 est caractérisée par la production d'IgG2a. Les paramètres retenus pour la validation de notre modèle reposent sur la production d'immunoglobulines spécifiques (IgE et IgG1) mais également sur les réponses à des tests de provocation effectués, in vitro, en chambre de Ussing.

7.1. Immunisation des souris

7.1.1. Constitution des groupes expérimentaux

Dans le cadre de ce travail, 46 souris femelles Balb/c âgées entre 6 et 8 semaines et pesant 20 à 25 g (poids moyen des animaux = 22,5 ± 0,27 g). Pour les besoins de chaque expérience, les animaux sont répartis en 3 lots comprenant :

- o Le premier groupe (n=20) est constitué de souris immunisées à la β-lg.
- o Le deuxième groupe (n=20) comprend des souris immunisées aux protéines du lactosérum natif.
- o Le troisième groupe (n=6) comprend des souris naïves ne recevant aucune immunisation. Ces animaux constituent le groupe témoin.

7.1.2. Hydroxyde d'aluminium

L'hydroxyde d'aluminium provient de chez OSI. Ce type d'adjuvant se présente sous forme d'un précipité insoluble, sur lequel sont adsorbées les protéines antigéniques en solution aqueuse. Ces protéines interagissent avec les ions de gel par des forces électrostatiques. L'hydroxyde d'aluminium induit une réponse de type th2 (Vermout et al., 2003).

7.1.3. Protocole d'immunisation

Selon le lot concerné, les souris reçoivent une primo-injection (J_1), par voie intra péritonéale, de 100 µl d'une solution de PBS pH 7,4 contenant 10 µg de β-Lg ou 20 µg de lactosérum lyophilisé mélangés avec 2 mg d'Al(OH)$_3$. Dans des conditions identiques, des rappels sont effectué au 14ème, 21ème et 28ème jour du protocole.

7.1.4. Obtention des sérums

Un prélèvement sanguin témoin est effectué au jour Jo avant toute immunisation à partir du sinus rétro orbitaire à l'aide d'une pipette Pasteur sur l'animal vigil. Un deuxième prélèvement sanguin est fait au 35ème jour juste avant le sacrifice. Le sang prélevé dans des tubes secs, est centrifugé à 3500 tours/minute à 4 °C pendant 15 minutes. Le surnageant correspondant au sérum est récupéré, mis en aliquote puis congelé à - 20 °C jusqu'à utilisation ultérieure.

7.1.5. Dosage des IgG totales, IgE, IgG1 et IgG2a sériques

Afin d'évaluer le degré de sensibilisation des souris ainsi qu'une éventuelle réponse en anticorps réaginiques dirigés contre les antigènes sensibilisants, nous dosons les anticorps sériques suivants : IgG totales, IgE, IgG1 et IgG2a anti β-Lg et anti lactosérum. Là aussi nous utilisons la technique immuno enzymatique ELISA dont le principe est décrit précédemment.

7.1.5.1. Matériels

Le matériel utilisé provient de chez Labsystem. Le bicarbonate de sodium, le di-sodium hydrogeno-phosphate, le citrate de sodium et l'acide sulfurique proviennent de chez Merck (France). Le chlorure de sodium et le chlorure de potassium proviennent de chez Prolabo (France). Le potassium phosphate monobasique, le Tween 20, l'OPD, le peroxyde d'hydrogène, la β-Lg, la SAB, la gélatine de poisson et l'anti IgG (de souris) couplé à la peroxydase sont des produits Sigma. L'anti IgE, l'anti IgG1 et l'anti IgG2a (de souris) biotinylés proviennent de chez Pharmingen (France).

7.1.5.2. <u>Procédure</u>

Le dosage des IgG totales, IgE, IgG1 et IgG2a spécifiques anti-β-Lg et anti lactosérum est réalisé par la technique ELISA à l'aide de plaques de 96 puits à fond plat (NUNC Maxisorb), selon les étapes suivantes :

- Tous les puits de la microplaque reçoivent 100 µl d'antigène à la concentration de 10 µg/ml de β-Lg ou 20 µg/ml de lactosérum, dilués dans du PBS pH 7,4. Les plaques sont alors incubées pendant au moins une nuit à 4°C.

- L'excès d'antigène non fixé est éliminé par 3 lavages successifs de la plaque avec du PBS-Tween 20 0,05% à l'aide d'un laveur automatique (Elx 50).

- Les sites non spécifiques sont saturés par le dépôt dans tous les puits de 200µl de SAB à 3% dans du PBS pH 7,4 lorsque l'antigène sensibilisant est la β-Lg. La SAB est remplacée par de la gélatine de poisson à 2% dans du PBS pH 7,4 lorsque l'antigène sensibilisant est le lactosérum.

- La plaque est ensuite incubée pendant 1h à 37 °C puis rincée 3 fois de suite sous agitation par le tampon de lavage PBS/Tween 20 0,05%.

- L'opération suivante consiste à diluer les échantillons de sérum à tester au 1/10ème dans le tampon de dilution (PBS 0,01 M Tween 20 0,1% SAB 1% pH 7,0). Pour cela, une série de dilutions est alors effectuée allant de 10^{-1} à 10^{-7}. Puis, un volume de 100 µl est déposé dans des puits appropriés.

- La plaque est alors incubée à 37°C pendant 2 heures, puis lavée 3 fois de suite sous agitation, avec le tampon de lavage PBS-Tween 20 0,05%.

- Ensuite, chaque puits de la plaque reçoit, selon les anticorps recherchés, 100µl d'anti anticorps de souris dilués au 1/20000ème dans le tampon de dilution.

- L'anti anticorps déposé est soit un anti IgG couplé à la peroxydase soit un anti IgE, un anti IgG1, ou un anti IgG2a biotinylés.

- La plaque est alors incubé pendant 1 heure 30 minutes à 37 °C, suivie d'un lavage 3 fois de suite (tableau 9).

- Pour les plaques ayant reçu des anti IgE, ou des anti IgG1 ou des anti IgG2a, 100µl de Streptavidine Peroxydase diluée à 1/5000 dans le tampon de dilution pH 7 sont déposés dans tous les puits. La plaque est ensuite incubée pendant 30 minutes à 37 °C.

- Après lavage avec le PBS-Tween 20 0,05%, 200 µl d'une solution contenant un chromogène (l'orthophénylène diamine OPD) : 60 mg dilués dans 20 ml de tampon citrate de sodium 0,05 M à pH 5,1 ainsi que 30 µl de H_2O_2 sont déposés dans chaque puits de la plaque (Tableau 10). Une réaction colorée se développe en 30 minutes à température ambiante et à l'abri de la lumière. L'ajout de H_2SO_4 2N permet de stopper la réaction.

- L'intensité de la réaction colorimétrique est mesurée à 492 nm à l'aide d'un lecteur (Elx 800).

Tableau 9 :- Composition du tampon phosphate salin (PBS) 10 M pH 7

$Na_2HPO_4 12H_2O$	29 g
KH_2PO_4	2 g
NaCl	80 g
KCl	2 g
Thymérosal	1 g
H_2O	1000 ml

Tableau 10 :- Composition des solutions tampons utilisées dans la technique Elisa

Tampon de capture	NaHCO3 : 0,1 M pH 9,6
Tampon de lavage	PBS 0,01 M pH 7 Tween 20 (0,05%)
Tampon de saturation	PBS 0,01 M pH 7 BSA 3%
Tampon de dilution	PBS 0,01 M pH 7 , BSA 1% Tween 20 0,1%
Solution de révélation	H_2O à 0,025% + OPD à 0,5 mg/ml de tampon citrate trisodique à 0,05 M pH 5,1

- Des témoins positifs et négatifs ont été inclus dans chaque plaque afin de contrôler la spécificité et la sensibilité de chaque mesure.

8. Expérimentation sur l'intestin isolé en Chambre de Ussing
8.1. Principe de la technique

La chambre de Ussing est une méthode fondamentale pour l'étude et la compréhension des mécanismes de transport intestinal. Ce dispositif expérimental a été conçu à l'origine par Ussing et Zerahn en 1951 pour la mesure des flux ioniques au travers d'un épithélium puis il a été adapté à l'intestin par Schultz et Zalusky (1964). Depuis, cette méthode a été appliquée à de nombreux modèles animaux de laboratoire et est utilisée pour des fragments d'intestin humain prélevés au cours d'interventions chirurgicales ou lors de biopsies intestinales (Heyman et al., 1984; Saïdi et al., 1995).

Un fragment de muqueuse intestinale est monté à plat entre deux demi-chambres de Lucite dont l'ouverture, déterminant la surface exposée, est adaptée à la taille du fragment à étudier (0,1 à 0,2 cm²). Les deux faces du tissu, déterminant un compartiment muqueux (représentant la lumière intestinale) et un compartiment séreux (représentant la circulation sanguine) sont baignées par des solutions identiques (pression, température, osmolarité) maintenues à 37 °C, brassées et oxygénées continuellement par un courant de carbogène (O_2: 95%, CO_2: 5%).

Le principe même de la chambre de Ussing est qu'il ne doit exister aucun gradient électrochimique permettant à une solution donnée, i, de traverser le tissu. Cette condition est remplie lorsque les deux faces du tissu sont baignées par des solutions ayant la même composition chimique, la même température, le même pH et la même osmolarité.

Un couple d'électrodes au calomel, reliées par des ponts d'agar (4 g/100 ml de KCl 3M) aux deux faces du tissu permettant de mesurer la différence de potentiel (PD) spontanée du tissu (séreuse positive). Il est possible de supprimer cette PD, de l'amener à 0 mV, grâce à un système d'électrode Ag/AgCl relié à un générateur permettant de passer un courant à travers le tissu. Ce courant est appelé courant de court circuit Isc: il représente la somme des flux nets ioniques, principalement de Na^+ et de Cl^- et un flux résiduel d'ions HCO_3^-.

$$Isc = J^{Na^+}_{net} + J^{Cl^-}_{net} + Jr$$

L'application de la loi d'Ohm (U = RI) permet de mesurer la résistance du fluide (RF) en absence du tissu et la résistance du tissu (RT) une fois celui-ci monté dans la chambre, ou son inverse: la conductance G (G = 1/R = I/U).

8.2. Montage de l'intestin de souris en chambre de Ussing

Les souris sont maintenues à jeun depuis la veille au soir. L'anesthésie est effectuée par mise au contact de l'animal avec un coton imbibé d'éther. Après laparatomie, le segment jéjunal est prélevé délicatement de la cavité abdominale, vidé de son contenu par deux ou trois rinçages au Ringer froid (tableau 11).

Après l'avoir délicatement débarrassé des mésentères, le segment jéjunal est ensuite incisé selon le bord mésentérique puis découpé en fragments qui sont maintenus dans du Ringer froid et oxygéné par un courant de carbogène (CO_2 : 5% , O_2 : 95%) . A chaque fois, un fragment est monté entre deux chambres de Lucite dont l'ouverture détermine la surface de la muqueuse intestinale exposée (0,10 cm²).

Tableau 11 :- Composition de la solution de Ringer

Na$^+$	140 mM	Cl$^-$	120 mM
K$^+$	5,2 mM	HCO$_3^-$	25 mM
Ca^{++}	1,2 mM	HPO$_4$	2,4 mM
Mg^{++}	1,2 mM	H$_2$PO$_4$	0,4 mM

Le volume de Ringer déposé dans chaque compartiment de la chambre est de 2 ml, le système est maintenu à 37° et oxygéné par un courant de carbogène (figure 12).

Après montage du tissu, environ 20 minutes sont nécessaires pour stabiliser les paramètres électrophysiologiques de base. Au terme de cette période, on dépose l'antigène que l'on veut tester (10 µg /ml de β-Lg, ou 20 µg/ml de poudre de lactosérum natif ou de lactosérum issu de laits traités aux micro-ondes ou au rayonnement gamma) dans le compartiment séreux de la chambre. Les différents paramètres électrophysiologiques sont alors mesurés dans un premier temps, toutes les minutes durant les 5 premières minutes, puis une fois toutes les 5 minutes, durant 15 minutes d'expérience.

9. Méthodes statistiques

Au vu des effectifs réduits utilisés dans notre travail, nous avons, dans un premier temps posé l'hypothèse que les variables biochimiques, biologiques et physiologiques (concentrations protéiques, paramètres électro-physiologiques, titres sériques en immunoglobulines) mesurées se distribuent selon la loi normale dans la population générale. Dans ces conditions, les moyennes sont comparées à l'aide d'un test T de Student pour les données appariées et non appariées. Le seuil de signification retenu est celui qui est habituellement considéré, soit 5%.

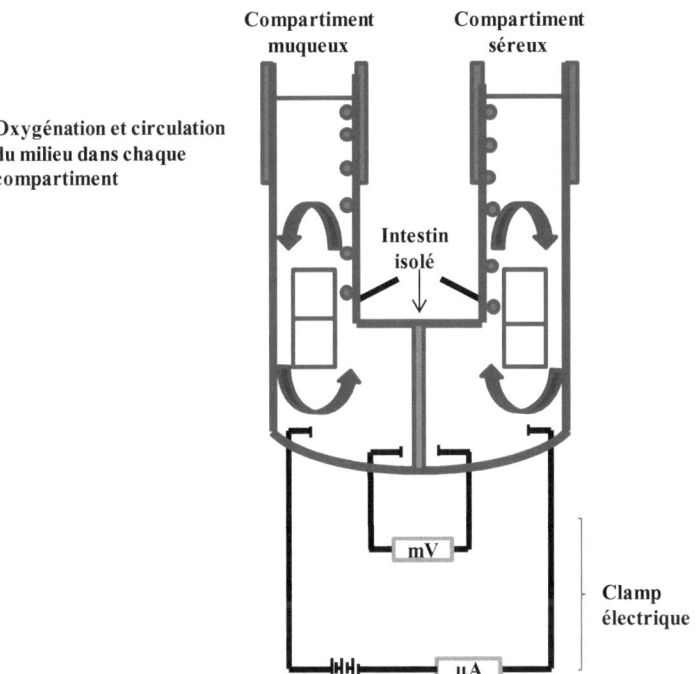

Figure 12 : Le dispositif de la chambre de Ussing.

Résultats

1. Dosage des protéines totales des laits et des lactosérums natifs

L'objectif de cette étape initiale du travail consiste, dans un premier temps, à vérifier la teneur en protéines totales du lait et du lactosérum. Pour cela, nous avons utilisé la méthode développée par Lowry qui a l'avantage de combiner une réaction au biuret et une réaction de Folin-Ciocalteus et dont la sensibilité est sa principale qualité.

Les résultats obtenus montrent que les protéines totales du lait de vache provenant d'une ferme à Oran sont à une concentration de $30,7 \pm 0,8$ g/l. Dans le lactosérum qui en est issu, on trouve $6,64 \pm 1,03$ g/l de protéines. Par railleurs, dans le lait de vache en provenance d'une ferme à Alger, les protéines totales sont à une concentration de $32,44 \pm 0,16$ g/l et les protéines du lactosérum à une concentration de $8,92 \pm 0,10$ g/l. Ces valeurs sont comparables aux données rapportées par la littérature qui indiquent une teneur globale en protéines de lait 32 g/l et de 6 g/l pour les protéines de lactosérum (Renner, 1983).

2 .Effets des traitements micro-ondes et aux rayons gamma sur la composition protéique du lait

Le contrôle d'une éventuelle modification de la composition du lait par suite de traitements micro-ondes et aux rayons gamma est réalisé par étude électrophorétique. Il permet en effet, de s'assurer de la présence ou non des principales protéines allergisantes avant et après traitement. Pour cela, nous avons utilisé l'électrophorèse sur gel de polyacrylamide en présence de SDS. Grâce à l'utilisation d'un kit marqueur constitué d'un mélange de protéines purifiées de référence (Sigma) et contenant la sérum albumine bovine (68 000 Da), les caséines (24 000 Da), la β-lactoglobuline (18 000 Da) et l'α-lactalbumine (14 000 Da), il est possible d'identifier les composants du lait et du lactosérum testés.

2.1. Profils électrophorétiques des laits et lactosérums traités aux micro-ondes

Les profils électrophorétiques des lactosérums traités et issus du lait traité aux micro-ondes à 300 et 400 watts pendant 10, 15 et 20 minutes sont présentés dans les figures 13 et 14 respectivement. Les puits 2 contenant le lactosérum natif montrent l'existence de bandes majeures identifiables aux protéines du kit marqueur. Il s'agit par ordre de migration de la SAB, de la β-Lg et de l'α-La.

Les puits 3, 4 et 5 contiennent dans l'ordre les lactosérums traités à 300 et 400 watts pendant 10, 15 et 20 minutes. Nos résultats montrent l'existence de bandes majeures comparables à celle du témoin. Les puits 6, 7 et 8 contenant respectivement les lactosérums issus du lait traité à 300 et 400 watts pendant 10, 15 et 20 minutes montrent une forte atténuation des bandes majeures identifiables au kit marqueur.

Les profils électrophorétiques des lactosérums traité et issu du lait traité à 500, 600 et 700 watts pendant 10 minutes sont indiqués dans la figure 15. Les puits 3, 4 et 5 contiennent respectivement le lactosérum traité à 500, 600 et 700 watts pendant 10 minutes. Les résultats obtenus montrent que les bandes qui apparaissent sont identifiables à celles du kit marqueur.

Les puits 6, 7 et 8 contenant respectivement les lactosérums traités à 500, 600 et 700 watts pendant 10 minutes montrent une forte atténuation des bandes correspondant aux différentes protéines du kit marqueur. Nos résultats montrent clairement que le traitement direct du lactosérum

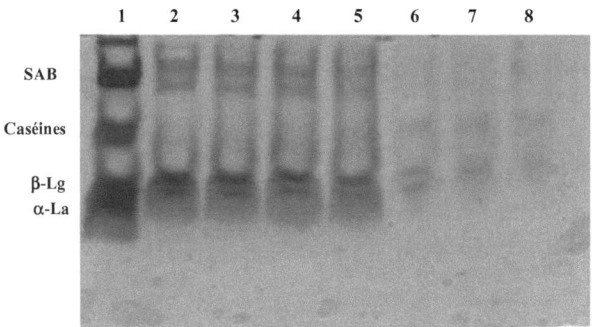

Figure 13. Electrophorèse sur gel de polyacrylamide-SDS des lactosérums natifs et traités à 300 watts pendant 10, 15 et 20 minutes.

1 : Kit marqueur contenant les protéines de référence SAB (68000 Da), caséines (24000 Da), β-Lg (18000 Da) et α-La (14000 Da).

2 : Lactosérum natif (témoin).

3, **4**, et **5** : Lactosérums traités à 300 watts pendant 10, 15 et 20 minutes respectivement.

6, **7**, et **8** : Lactosérums issus du lait traité à 300 watts pendant 10, 15 et 20 minutes respectivement.

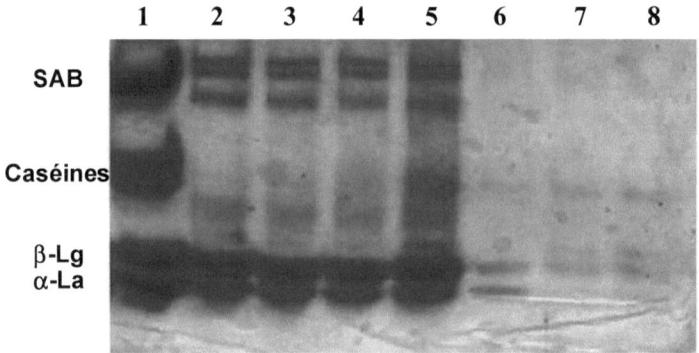

Figure 14. Electrophorèse sur gel de polyacrylamide-SDS des lactosérums natifs et traités à 400 watts pendant 10, 15 et 20 minutes.

1 : Kit marqueur contenant les protéines de référence SAB (68000 Da), caséines (24000 Da), β-Lg (18000 Da) et α-La (14000 Da).

2 : Lactosérum natif (témoin).

3, **4**, et **5** : Lactosérums traités à 400 watts pendant 10, 15 et 20 minutes respectivement.

6, **7**, et **8** : Lactosérums issus du lait traité à 400 watts pendant 10, 15 et 20 minutes respectivement.

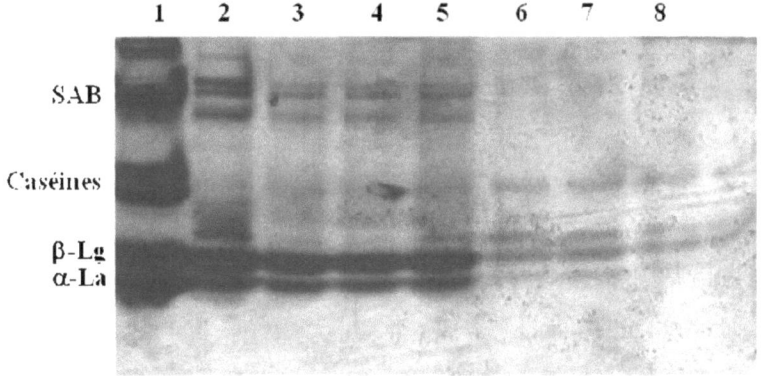

Figure 15. Electrophorèse sur gel de polyacrylamide-SDS des lactosérums natifs et traités à 500, 600, 700 watts pendant 10 minutes.

1 : Kit marqueur contenant les protéines de référence SAB (68000 Da), caséines (24000 Da), β-Lg (18 000 Da) et α-La (14 000 Da).

2 : Lactosérum natif (témoin).

3, 4, et **5** : Lactosérums traités à 500, 600 et 700 watts pendant 10 minutes respectivement.

6, 7, et **8** : Lactosérums issus du lait traité à 500, 600 et 700 watts pendant 10 minutes respectivement.

aux micro-ondes ne semble pas affecter le profil électrophorétique de ses protéines. En revanche, ce même type de traitement modifie significativement le profil électrophorétique du lactosérum lorsqu'il est appliqué sur le lait.

2.2. Profils électrophorétiques des laits traités aux rayons gamma

Les profils électrophorétiques des laits traités, sous forme liquide ou lyophilisé, aux rayons gamma à 3, 5 et 10 kGy sont reportés dans les figures 16 et 17 respectivement. Les figures 18 et 19 représentent les profils électrophorétiques des lactosérums traité et issu du lait traité aux rayons gamma à 3, 5 et 10 kGy. Pour tous les gels, les puits 1 correspondent aux échantillons témoins et les puits 3, 4 et 5 contiennent respectivement les échantillons traités aux rayons gamma aux doses de 3, 5 et 10 kGy. Comparés aux puits témoins, les profils électrophorétiques des échantillons traités aux rayons gamma aux doses de 3, 5, et 10 kGy, dans nos conditions expérimentales (température ambiante, présence d'air), ne semble pas être modifiés sur le plan de la composition. Les protéines des laits et des lactosérums irradiés semblent conserver des propriétés de mobilité électrophorétique similaires à celles des protéines des échantillons témoins.

3. Etude de l'antigénicité des PLV traités aux micro-ondes et aux rayons gamma

Dans cette partie du travail, nous étudions une éventuelle modification de l'antigénicité des protéines du lait et du lactosérum par suite des traitements aux micro-ondes et aux rayons gamma. Cette étude se fait par la mesure de leur réactivité vis-à-vis d'anticorps de type IgG anti β-Lg et

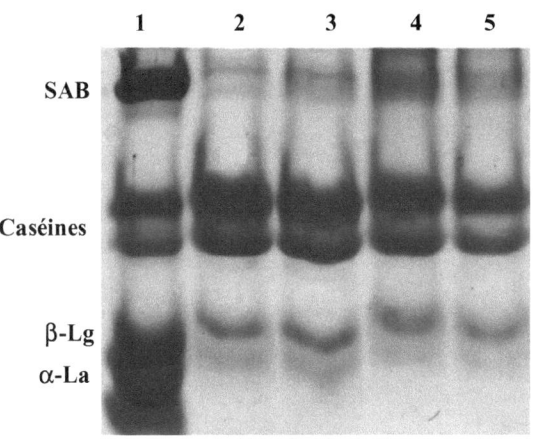

Figure 16. Electrophorèse sur gel de polyacrylamide-SDS des laits natifs et irradiés aux rayons gamma aux doses respectives de 3, 5 et 10 kGy.

1 : Kit marqueur contenant les protéines de référence SAB (68000 Da), caséines (24000 Da), β-Lg (18 000 Da) et α-La (14 000 Da).

2 : Lait natif (non traité).

3 : lait traité à 3 kGy

4 : lait traité à 5 kGy

5 : lait traité à 10 kGy

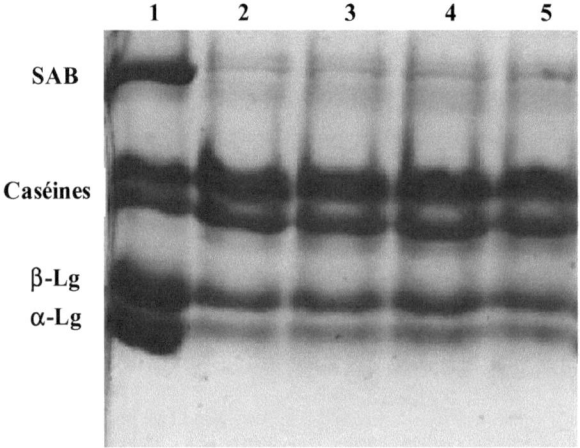

Figure 17. Electrophorèse sur gel de polyacrylamide-SDS des laits en poudre natifs et irradiés aux rayons gamma aux doses respectives de 3, 5 et 10 kGy.

1 : Kit marqueur contenant les protéines de référence SAB (68000 Da), caséines (24000 Da), β-Lg (18 000 Da) et α-La (14 000 Da).

2 : Poudre de lait natif (non traité).

3 : Poudre de lait traité à 3 kGy

4 : Poudre de lait traité à 5 kGy

5 : Poudre de lait traité à 10 kGy

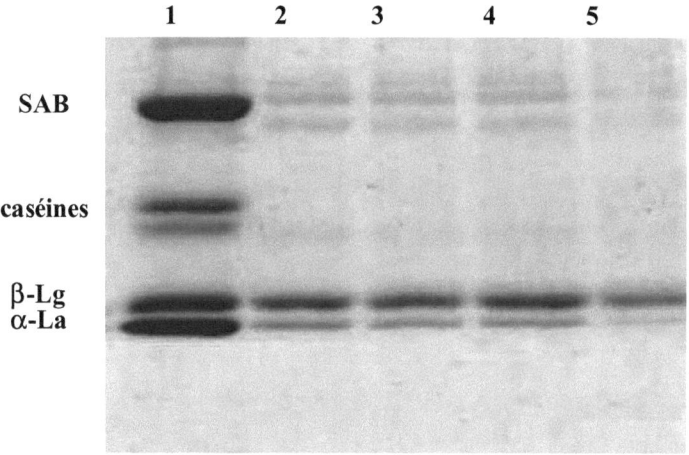

Figure 18. Electrophorèse sur gel de polyacrylamide-SDS des lactosérums natifs et irradiés aux rayons gamma aux doses respectives de 3, 5 et 10 kGy.

1 : Kit marqueur contenant les protéines de référence SAB (68000 Da), caséines (24000 Da), β-Lg (18 000 Da) et α-La (14 000 Da).

2 : Lactosérum natif (non traité).

3 : Lactosérum traité à 3 kGy

4 : Lactosérum traité à 5 kGy

5 : Lactosérum traité à 10 kGy

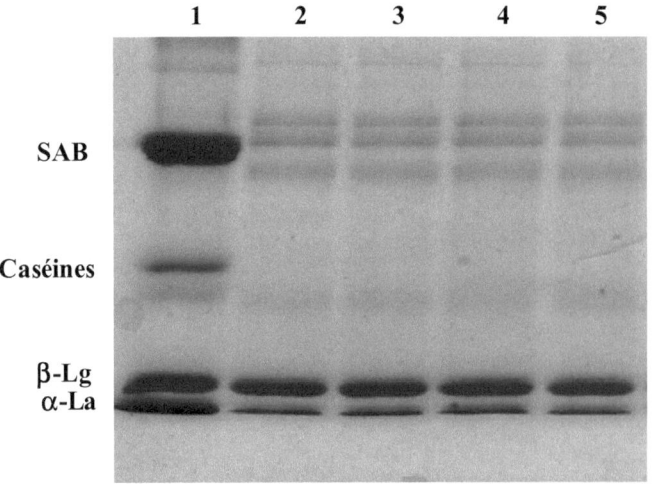

Figure 19. Electrophorèse sur gel de polyacrylamide-SDS des lactosérums en poudre natifs et irradiés aux rayons gamma aux doses respectives de 3, 5 et 10 kGy.

1 : Kit marqueur contenant les protéines de référence SAB (68000 Da), Caséines (24000 Da), β-Lg (18000 Da) et α-La (14000 Da).

2 : Poudre de lactosérum natif (non traité).

3 : Poudre de lactosérum traité à 3 kGy

4 : Poudre de lactosérum traité à 5 kGy

5 : Poudre de lactosérum traité à 10 kGy

anti α-La produits chez le lapin. Pour cela, nous avons utilisé une méthode immunoenzymatique ELISA.

3.1. Titres sériques en IgG anti β-Lg et anti α-La obtenus chez le lapin après immunisation

Dans cette partie du travail nous évaluons la réponse immune systémique des animaux par la mesure des titres en IgG dirigées contre les antigènes sensibilisants. Les résultats obtenus sont présentés dans la figure 20.

On note que les IgG anti β-Lg et anti α-La ne sont pas détectables chez les animaux témoins non sensibilisés. Les titres sériques en IgG sont très élevés   chez les animaux sensibilisés et sont estimés   à $1/65610^{\text{ème}}$ pour les IgG anti α- La et les IgG anti β-Lg.

3.2. Réactivité du lait et du lactosérum traités aux micro-ondes

La réactivité des lactosérums, traité et issu du lait traité aux micro-ondes à 500, 600 et 700 watts pendant 10 minutes, vis-à-vis des IgG anti β-Lg est présentée dans la figure 21. Les figures 22 et 23 représentent respectivement la réactivité des échantillons traités aux micro-ondes à 300 et 400 watts pendant 10, 15 et 20 minutes vis-à-vis des IgG anti β-Lg.

Les résultats obtenus montrent que le traitement du lait et du lactosérum aux micro-ondes à 600 et 700 watts pendant 10 minutes diminue significativement ($p < 0,01$) sa réactivité vis-à-vis des anticorps anti β-Lg. Alors que le traitement à 300 et 400 watts ne diminue significativement ($p < 0,01$) la réactivité qu'après 20 minutes de chauffage.

115

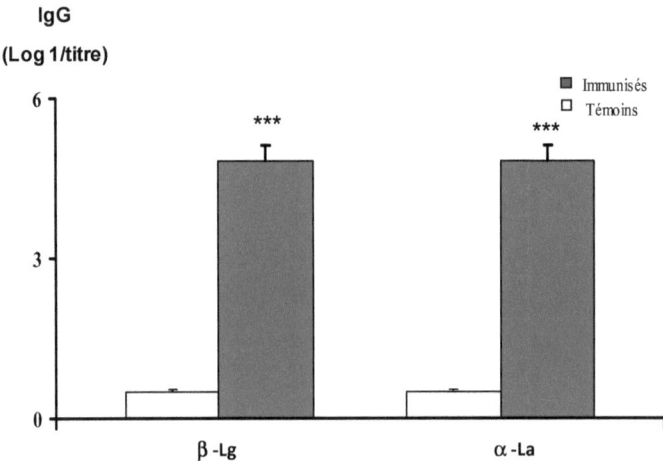

Figure 20. Titres en IgG sériques mesurés chez les lapins témoins (n=6) et immunisés à la β-Lg (n=6) ou à l'α-La (n=6) par la technique ELISA.

Les valeurs indiquées sont des moyennes et leurs erreurs standards.

On note que les IgG anti-β-Lg et anti α-La ne sont pas détectables chez les animaux témoins non sensibilisés. Alors que les titres en IgG sont très élevés chez les lapins sensibilisés.

*** : p < 0,0001

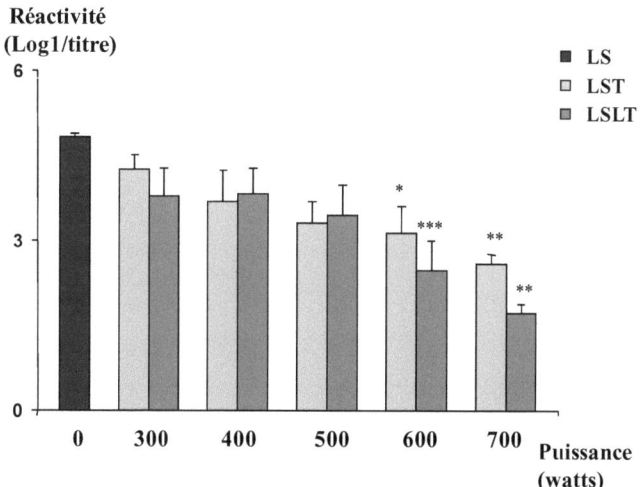

Figure 21. Réactivité des lactosérums natifs (LS), traités (LST) et issus du lait traité (LSLT) aux micro-ondes à 300, 400, 500, 600 et 700 watts pendant 10 minutes vis-à-vis des IgG anti β-Lg (n=6) mesurées par ELISA. Les valeurs reportées sont des moyennes et leurs erreurs standards.

On note que la réactivité des lactosérums diminue significativement aussi bien pour le lait traité à 600 et 700 watts (p<0,001) que pour le lactosérum traité aux mêmes puissances (0,01 < p <0,05) .

* : 0,01< p <0,05

** : p < 0,01

*** : p<0,001

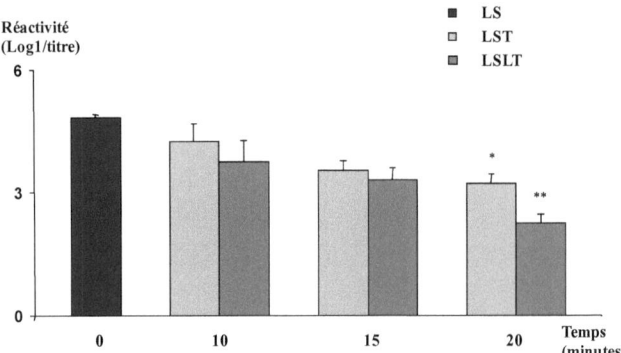

Figure 22. Réactivité des lactosérums natif s (LS), traités (LST) et issus du lait traité (LSLT) aux micro-ondes à 300 Watts pendant 10 minutes vis-à-vis des IgG anti β-Lg (n=6) mesurée par ELISA.

Les valeurs reportées sont des moyennes et leurs erreurs standards.

On note que le traitement du lait et du lactosérum aux micro-ondes à 300 Watts pendant 20 minutes diminue significativement la réactivité des protéines vis-à-vis des IgG anti β-Lg : ($p < 0,01$) et ($0,01 < p < 0,05$) respectivement.

* : $0,01 < p < 0,05$

118

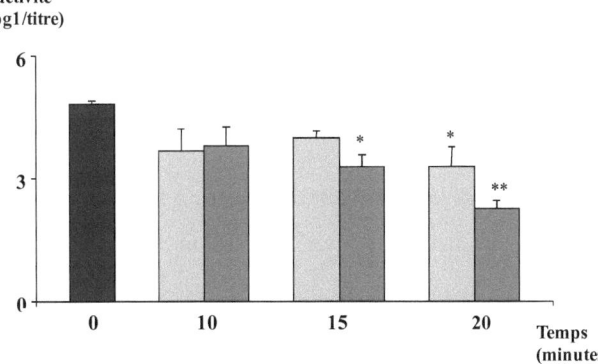

Figure 23 Réactivité des lactosérums natifs (LS), traités (LST) et issus du lait traité (LSLT) aux micro-ondes à 400 Watts pendant 10 minutes vis-à-vis des IgG anti β-Lg (n=6) mesurée par ELISA.

Les valeurs reportées sont des moyennes et leurs erreurs standards.

On note que le traitement du lait aux micro-ondes à 400 Watts pendant 15 et 20 minutes diminue significativement la réactivité des protéines vis-à-vis des IgG anti β-Lg :

 * :0,01< p <0,05.

** : p < 0,01

Les résultats obtenus montrent que le traitement du lactosérum aux micro-ondes diminue significativement ($p<0,01$) sa réactivité vis-à-vis des anticorps anti α-La, et ceci quelque soit la puissance du traitement appliqué (300, 400, 500, 600 et 700 watts) (figure 24).

Avec le traitement du lait aux micro-ondes, la diminution de la réactivité vis-à-vis des IgG anti α-La est plus prononcée lors des traitements plus poussés (500, 600 et 700 watts) (($p<0,01$) ou avec des durées de traitement prolongées (15 et 20 minutes) aux puissances de 300 et 400 watts ($0,01<p<0,05$) (figure 25 et 26).

3.3. Réactivité du lait et du lactosérum traités aux rayons gamma

Les résultats indiqués dans les figures 27 et 28 montrent clairement que les poudres de lait et de lactosérum irradiées à la dose de 10 kGy présentent des réactivités, vis-à-vis des IgG anti β-Lg (titre : $1/10513^{\text{ème}}$) significativement plus élevées ($0,01<p<0,05$) par rapport à celles des échantillons témoins (titre: $1/9218^{\text{ème}}$).

En revanche, nos résultats ne montrent aucun effet des rayons gamma lorsqu'ils sont appliqués aux doses de 3, 5 et 10 kGy sur les autres échantillons dont la réactivité vis-à-vis des IgG anti β-Lg reste comparable à celle des témoins.

Les figures 29 et 30 représentent respectivement la réactivité, vis-à-vis des IgG anti α-La, des échantillons de laits et de lactosérums liquides et en poudre traités aux rayons gamma aux doses de 3, 5 et 10 kGy. Les résultats obtenus montrent que le traitement aux rayons gamma augmente significativement ($0,01<p<0,05$) la réactivité du lait traité à 3 kGy

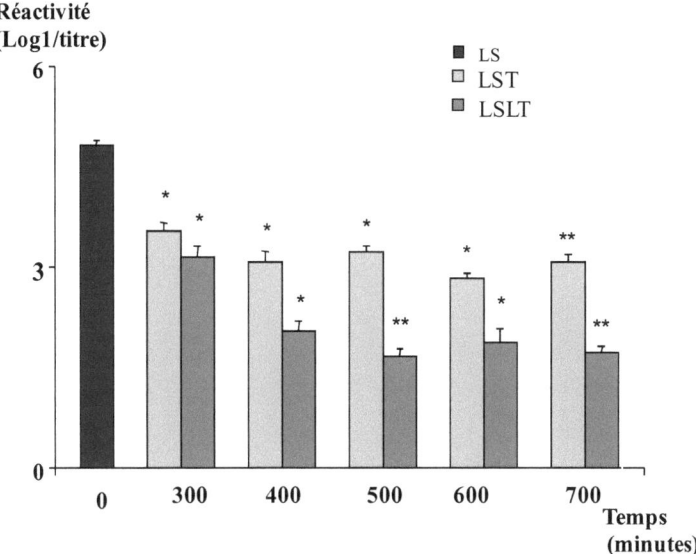

Figure 24. Réactivité des lactosérums natifs (LS), traités (LST) et issus du lait traité (LSLT) aux micro-ondes à 300, 400, 500, 600 et 700 Watts pendant 10 minutes vis-à-vis des IgG anti α-La (n=6) mesurée par ELISA.

Les valeurs reportées sont des moyennes et leurs erreurs standards.

On note que le traitement du lactosérum et du lait aux micro-ondes à 700 Watts pendant 10 minutes diminue de manière très significative leur réactivité vis-à-vis des IgG anti α-La : (p < 0,01).

* : 0,01< p <0,05
** : p < 0,01

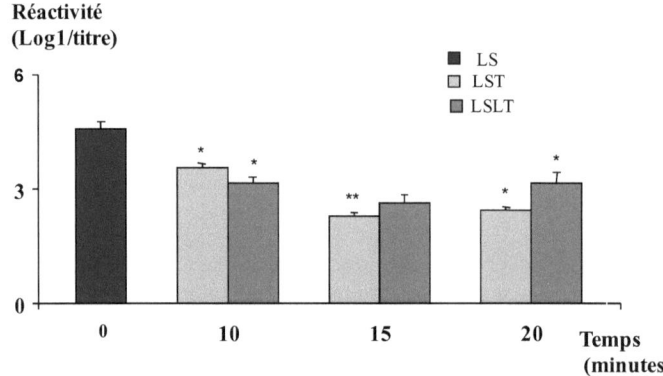

Figure 25. Réactivité des lactosérums natifs (LS), traités (LST) et issus du lait traité (LSLT) aux micro-ondes à 300 Watts pendant 10, 15 et 20 minutes vis-à-vis des IgG anti α-La (n=6) mesurée par ELISA.
Les valeurs reportées sont des moyennes et leurs erreurs standards.

On note que le traitement du lactosérum et du lait aux micro-ondes à 300 Watts pendant 15 minutes diminue très significativement leur réactivité vis-à-vis des IgG anti α-La : ($p < 0{,}01$).

* : $0{,}01 < p < 0{,}05$
** : $p < 0{,}01$

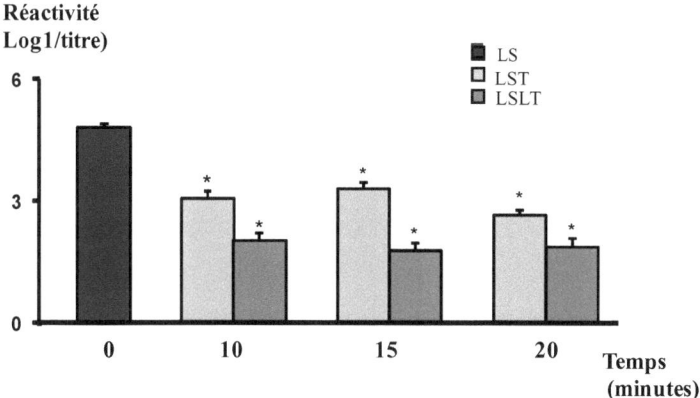

Figure 26. Réactivité des lactosérums natifs (LS), traités (LST) et issus du lait traité (LSLT) aux micro-ondes à 400 Watts pendant 10 minutes vis-à-vis des IgG anti α-La (n=6) mesurée par ELISA.

Les valeurs reportées sont des moyennes et leurs erreurs standards.

On note que le traitement du lactosérum et du lait aux micro-ondes à 400 Watts pendant 10, 15 et 20 minutes diminue significativement leur réactivité vis-à-vis des IgG anti α-La : (p < 0,01) et (0,01< p < 0,05).

* : 0,01< p < 0,05

123

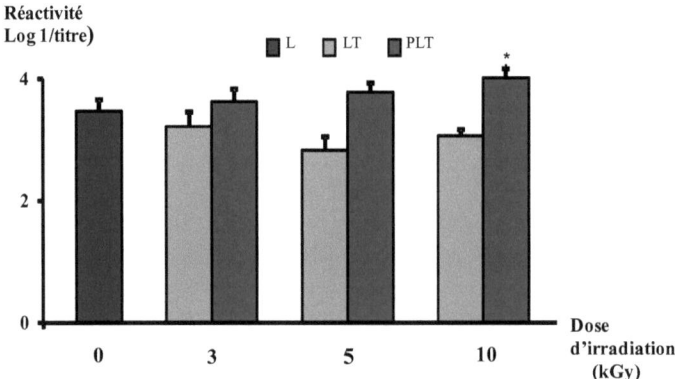

Figure 27. Réactivité du lait natif (L) et des échantillons de lait (LT) et de la poudre de lait (PLT) traités, aux rayons gamma aux doses de 3, 5 et 10 kGy, vis-à-vis des IgG anti β-Lg mesurée par la technique ELISA (n=6). Les valeurs reportées sont des moyennes et leurs erreurs standards

On note que le traitement aux rayons gamma à 10 kGy augmente significativement (0,01<p<0,05) la réactivité de la poudre de lait vis-à-vis des IgG anti β-Lg. En revanche, l'irradiation reste sans effet sur la réactivité des autres échantillons.

* : 0,01 <p<0,05.

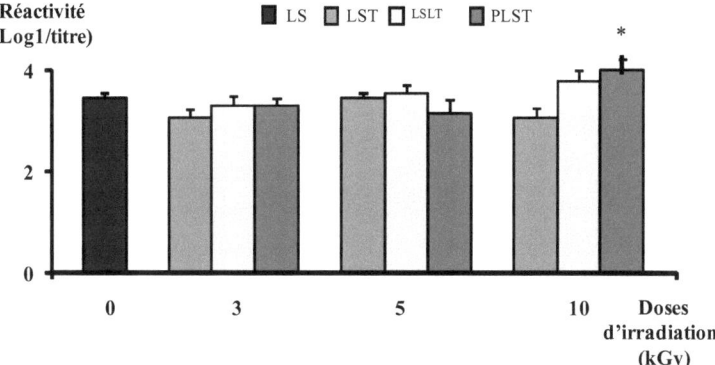

Figure 28. Réactivité du lactosérum natif (LS) et des échantillons traités, aux rayons gamma aux doses de 3, 5 et 10 kGy, de lactosérum (LST), de lactosérum issu du lait traité (LSLT) et de la poudre de lactosérum (PLST) traités vis-à-vis des IgG anti β-Lg mesurée par la technique ELISA (n=6). Les valeurs reportées sont des moyennes et leurs erreurs standards.

On note que le traitement aux rayons gamma à 10 kGy augmente significativement ($0,01 < p < 0,05$) la réactivité de la poudre de lactosérum issus du lait irradié vis-à-vis des IgG anti β-Lg. Alors que ce traitement reste sans effet sur la réactivité des autres échantillons.

* : $0,01 < p < 0,05$.

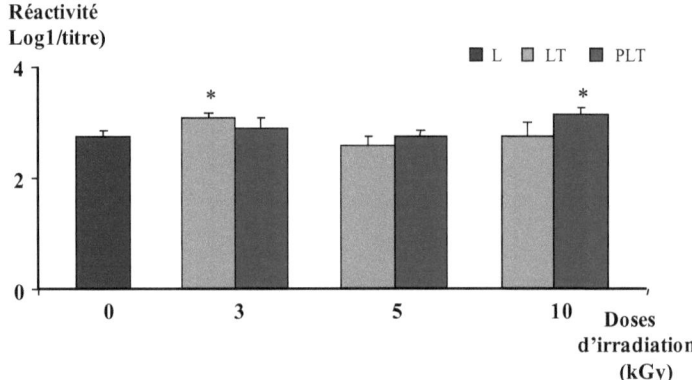

Figure 29. Réactivité du lait natif (L) et des échantillons de lait (LT) et de la poudre de lait (PLT) traités, aux rayons gamma aux doses de 3, 5 et 10 kGy, vis-à-vis des IgG anti α-La mesurée par la technique ELISA (n=6). Les valeurs reportées sont des moyennes et leurs erreurs standards.

On note une augmentation de la réactivité du lait traité à 3 kGy ainsi que celle de la poudre de lait traité à 10 kGy vis-à-vis des IgG anti α-La. En revanche, ce traitement reste sans effet sur la réactivité des autres échantillons.

* : 0,01 <p<0,05.

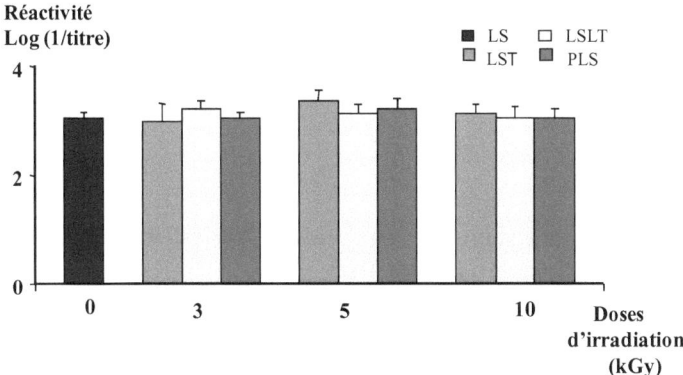

Figure 30. Réactivité du lactosérum natif (LS) et des échantillons traités aux rayons gamma aux doses de 3, 5 et 10 kGy, de lactosérum (LST), de lactosérum issu du lait traité (LSLT) et de la poudre de lactosérum (PLST) traités vis-à-vis des IgG anti α-La mesurée par la technique ELISA (n=6). Les valeurs reportées sont des moyennes et leurs erreurs standards.

On note que le traitement aux rayons gamma aux doses de 3, 5 et 10 kGy ne modifie pas la réactivité du lactosérum vis-à-vis des IgG anti α-La et qui reste identique à celle des témoins.

et celle de la poudre de lait traité à 10 kGy vis-à-vis des IgG anti α-La. Ces échantillons présentent des titres de réactivité respectif de $1/1168^{ème}$ pour le lait irradié à 3 kGy et de $1/1403^{ème}$ pour la poudre de lait irradié à 10 kGy et qui sont significativement plus élevés $(0,01 < p < 0,05)$ que le titre de réactivité du lait natif $(1/562^{ème})$.

On note, en revanche, l'absence d'effets des rayons gamma sur la réactivité des autres échantillons irradiés à différentes doses vis-à-vis des IgG anti α-La.

4. Effets des traitements aux micro-ondes et aux rayons gamma sur l'allergénicité des PLV

Dans cette partie de travail, nous étudions une éventuelle modification de l'allergénicité du lait par suite du traitement aux micro-ondes et aux rayons gamma. Cette étude est réalisée à l'aide de tests de provocation in vitro en chambre de Ussing sur des fragments jéjunaux du modèle d'allergie mis en place à partir de la souris Balb/c.

4.1. Mise en place d'un modèle d'allergie aux PLV à partir de la souris Balb/c

La validité du modèle d'allergie que nous escomptons mettre en place dans ce travail doit reposer d'une part sur la nature et la qualité des anticorps sériques produits, mais également et surtout sur les réponses à des tests de provocation effectuées in vitro, en chambre de Ussing.

4.1.1. Réponse systémique: Production des anticorps de type IgG, IgE, IgG1 et IgG2a

La réponse immune systémique des souris immunisées à la β-Lg ou au lactosérum lyophilisé est évaluée par la mesure des titres sériques en IgG,

IgG1, IgG2a et IgE spécifiques par la méthode de dosage immunoenzymatique ELISA.

Nos résultats indiquent que les IgG, IgE, IgG1 et IgG2a anti β-Lg et anti lactosérum sont indétectables chez les souris témoins.
Après 35 jours d'immunisation, ces anticorps sont produits en grande quantité par les souris immunisées et atteignent des titres sériques respectivement de $1/1000000^{\text{ème}}$ pour les IgG anti β-Lg (p<0,0001) et de 1/100000 pour les IgG anti lactosérum (p<0,0001) (figure 31).

Une réponse IgE positive, titrant $1/10^{\text{ème}}$ (p<0,0001) est obtenue aussi bien chez les souris immunisées à la β-Lg que pour les animaux immunisés au lactosérum (figure 32). Cependant, on note une variabilité individuelle observée dans les réponses au sein du même lot de souris immunisées. Les résultats montrent également que la réponse en IgE reste toujours plus faible que les réponses en immunoglobuline des autres classes.

Les teneurs sériques en IgG1 anti β-Lg et anti lactosérum sont très élevées, car elles titrent en Elisa respectivement $1/235000^{\text{ème}}$ (p<0,0001) et $1/55000^{\text{ème}}$ (figure 33).

Les niveaux sériques de production des IgG2a anti β-Lg et anti lactosérum sont significativement élevés chez les animaux immunisés; les titres obtenus sont de $1/5500^{\text{ème}}$ pour les IgG2a anti β-Lg et de $1/2200^{\text{ème}}$ pour les IgG2a anti lactosérum (p<0,0001) (figure 34). Ces résultats indiquent que les souris Balb/c développent de manière considérable la production des IgG2a spécifiques. Cependant, cette réponse reste nettement inférieure à celle des IgG1.

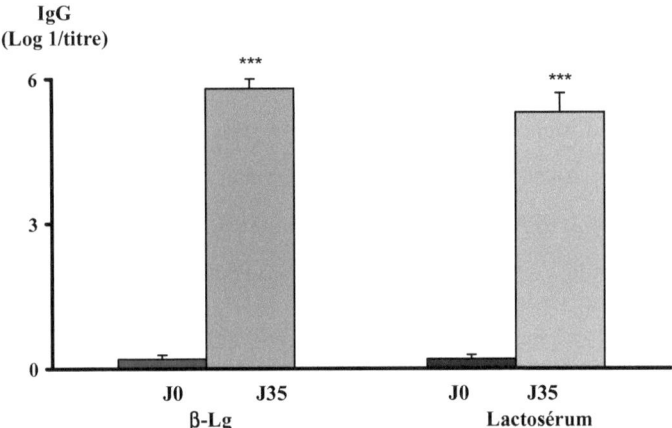

Figure 31. Titres en IgG sériques spécifiques mesurés par la méthode ELISA chez des souris Balb/c immunisées à la β-lactoglobuline (β-Lg) (n=6) ou au lactosérum (n=6) à J0 et à J35.

Les valeurs exprimées sont des moyennes et leurs erreurs standards.

(J0) Titres avant toute immunisation.

(J35) Titres après 35 jours d'immunisation.

*** : p< 0,0001

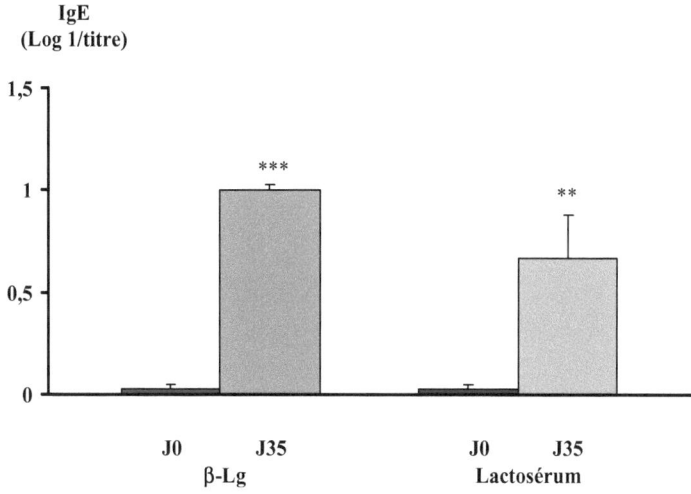

Figure 32 : Titres en IgE sériques spécifiques mesurés par la méthode ELISA chez des souris Balb/c immunisées à la β-lactoglobuline (β-Lg) (n=6) ou au lactosérum (n=6) à J0 et à J35.

Les valeurs exprimées sont des moyennes et leurs erreurs standards.

(J0) Titres avant toute immunisation.

(J35) Titres après 35 jours d'immunisation

On note qu'à J0 les IgE sériques sont indétectables dans le sang des animaux.

** : p< 0,02

*** : p< 0,0001

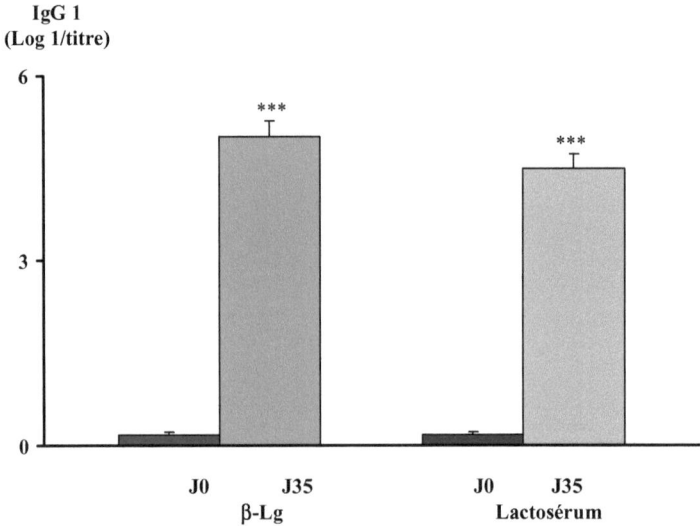

Figure 33. Titres en IgG1 sériques spécifiques mesurés par la méthode ELISA chez des souris Balb/c immunisées à la β-lactoglobuline (β-Lg) (n=6) ou au lactosérum (n=6) à J0 et à J35.

Les valeurs exprimées sont des moyennes et leurs erreurs standards.

(J0) Titres avant toute immunisation.

(J35) Titres après 35 jours d'immunisation.

*** : p< 0,0001

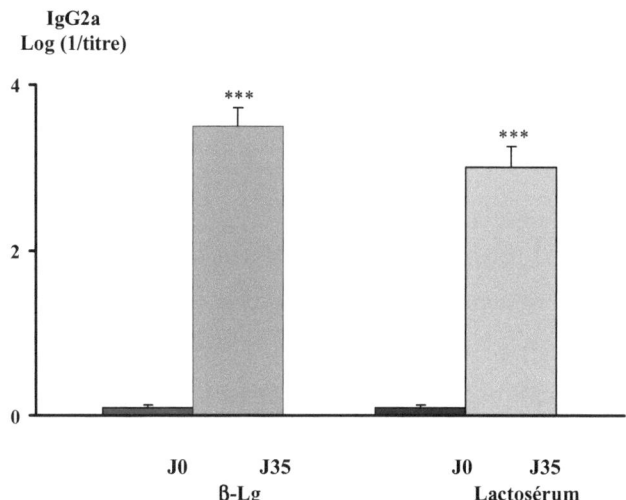

Figure 34. Titres en IgG2a sériques spécifiques mesurés par la méthode ELISA chez des souris immunisées à la β-lactoglobuline (β-Lg) (n=6) ou au lactosérum (n=6) à J0 et à Js.

Les valeurs reportées sont des moyennes et leurs erreurs standards. Elles correspondent aux sérums prélevés avant toute immunisation (J0), ou aux sérums prélevés au moment du sacrifice, c'est-à-dire après 35 jours d'immunisation (J35).

*** : p< 0,0001

133

4.1.2. Analyse de la réponse immune des souris à partir du rapport IgG1/IgG2a

Il est admis que le rapport IgG1/IgG2a renseigne sur le type de réponse immune développée par les animaux au cours de l'immunisation. Dans notre contexte, ce rapport est établi à partir de la mesure des absorbances des sérums contenant les 2 isotypes à doser. Les valeurs obtenues sont de 3,30 et de 4,99 respectivement pour les souris immunisées à la β-Lg et pour celles qui ont été immunisés au lactosérum.

Ces rapports qui sont nettement supérieurs à 1 signifient une prédominance des IgG1 par rapport aux IgG2a et traduisent une réponse de type Th2 chez les deux groupes d'animaux immunisés.

4.2. Tests de provocation anaphylactique aux PLV: Etude in vitro en chambre de Ussing

L'objectif de cette partie du travail est de vérifier l'existence d'une éventuelle réponse anaphylactique locale, lorsque la muqueuse jéjunale est mise en contact direct avec la protéine sensibilisante en chambre de Ussing. Ces tests nous permettent de tester l'éventuel effet des traitements aux micro-ondes et aux rayons gamma sur l'allergénicité des PLV.

Les paramètres électrophysiologiques sont mesurés en circuit ouvert. Nous rappelons que le dispositif de la chambre de Ussing permet de mesurer le courant de court circuit (Isc, $\mu A/cm^2$) qui est un index de la sécrétion életrogénique de Cl⁻, la différence de potentiel (PD, mv) entre les deux faces du tissu et la résistance du tissu (ohm/cm²) ou son inverse, la conductance (G, mmho/cm²) qui exprime un index de l'intégrité épithéliale, en particulier au niveau des jonctions cellulaires. Dans toutes nos expériences, chaque tissu est son propre témoin. Pour chaque paramètre étudié, les valeurs sont recueillies à l'état basal, c'est-à-dire avant toute stimulation, puis après dépôt de la protéine dans le compartiment séreux pendant 15 minutes.

4.2.1. Effets des protéines sur l'Isc

4.2.1.1. Effets de β-Lg et du lactosérum

Lorsque les fragments jéjunaux des souris immunisées à la β-Lg sont montés en chambre de Ussing puis stimulés par 10µg/ml de la protéine sensibilisante dans le compartiment séreux, on enregistre une augmentation significative de l'Isc qui passe des valeurs de base de 60,55 ± 11,89 µA/cm² à 83,85 ± 4,85 µA/cm² en fin d'expérience (ΔIsc = 23,30 ± 8,51 µA/cm² p<0,05). Cette augmentation devient significative dés la 1ère minute qui suit le dépôt de l'antigène (Figure 35).

De la même façon, le dépôt du lactosérum dans le compartiment séreux à la concentration de 20µg/ml stimule significativement (p<0,05) l'Isc des tissus des animaux sensibilisés au lactosérum, qui passe des valeurs de base de 68,89 ± 9,81 µA/cm² à 113 ± 16,15 µA/cm² en fin d'expérience (ΔIsc = 44,78 ± 11,89 µA/cm² p<0,05). Cependant, et contrairement à ce qui a été observée avec la β-Lg, cette augmentation ne devient significative qu'à partir de la 5ème minute après le dépôt de la protéine. En revanche, aucune variation significative de l'Isc n'est enregistrée chez les témoins non sensibilisés.

Ces résultats suggèrent donc clairement l'existence d'une réaction anaphylactique locale produite par l'interaction directe des antigènes sensibilisants avec les cellules immunocompétentes de la muqueuse intestinale des animaux sensibilisés aux protéines du lait de vache.

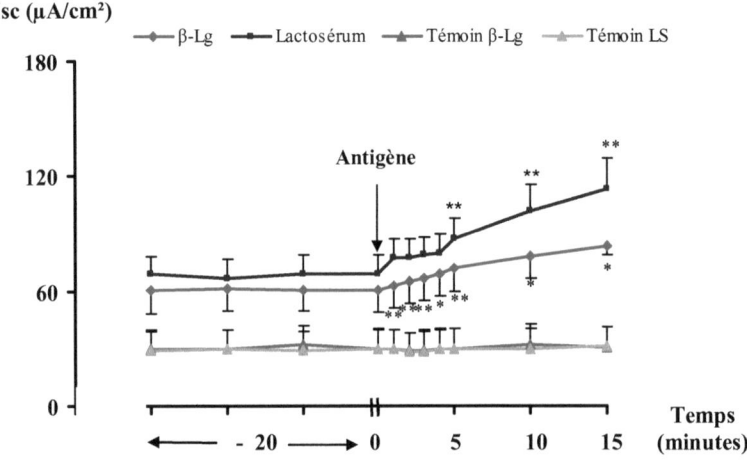

Figure 35. Effet de la β-Lg ou du lactosérum sur le courant de court circuit (Isc) des fragments jéjunaux de souris sensibilisées par voie intrapéritonéale montés en chambre de Ussing.

Avant stimulation, les valeurs de base de l'Isc sont recueillies pendant 20 minutes.

A t = 0, l'antigène sensibilisant (β-Lg ou lactosérum natifs) sont déposés dans le versant séreux aux concentrations respectives de 10 μg/ml et 20 μg/ml.

Les valeurs exprimées sont des moyennes et leurs erreurs standards.

β-Lg (n=6) : Tissus d'animaux sensibilisés à la β–lactoglobuline (β-Lg) native.

Lactosérum (n=6) : Tissus d'animaux sensibilisés au lactosérum

Témoin (n=6) : Tissus d'animaux témoins non stimulés.

* **p<0,04**
****p<0,01**

4.2.1.2. Effet de l'ovalbumine

Nos résultats précédents ont permis de montrer que le contact de la β-Lg ou du lactosérum avec la muqueuse intestinale des animaux sensibilisés se traduit par une augmentation de l'Isc, synonyme d'une sécrétion active d'électrolytes et résultant probablement d'une réaction anaphylactique locale. Pour vérifier si ces réponses sont spécifiques au seul antigène sensibilisant, nous avons testé dans les mêmes conditions et pendant 15 minutes l'effet de l'ovalbumine sur les tissus d'animaux sensibilisés à la β-Lg et ceux immunisés au lactosérum.

Les résultats obtenus ont été comparés à ceux des tissus de témoins non sensibilisés et traités selon la même procédure (figure 36). Le dépôt de l'ovalbumine dans le compartiment séreux des tissus des animaux sensibilisés ou de celui des animaux contrôle ne se traduit par aucun effet significatif sur l'évolution de l'Isc.

4.2.2. Effets des protéines sur la DDP

Les variations de la différence de potentiel des tissus sont reportées dans le tableau et la figure 37. On remarque que l'introduction de la β-Lg ou du lactosérum dans le milieu Ringer en contact avec les tissus d'animaux sensibilisés ou des témoins ne produit aucune modification des valeurs de base de la DDP qui reste stable durant toute l'étude.

De la même manière, durant toute la période d'incubation avec l'ovalbumine (15 minutes) aucune variation de la DDP n'est enregistrée.

4.2.3. Effets des protéines sur la conductance

Pour rappel, la conductance exprime l'index de l'intégrité épithéliale.

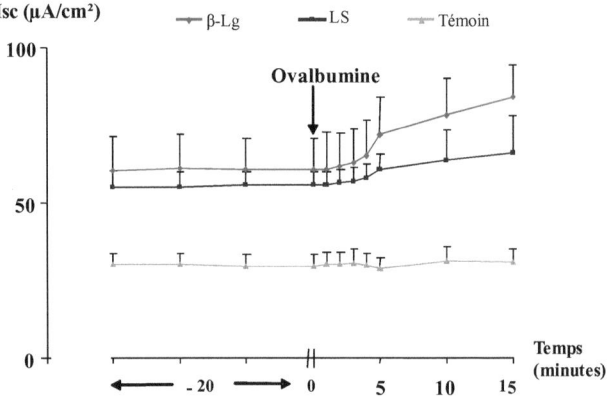

Figure 36. Effet non spécifique de l'ovalbumine (10µg/ml, côté séreux) sur l'évolution du courant de court-circuit des fragments jéjunaux de souris immunisées à la β-Lg (n=6) ou au lactosérum (n=6) montés en chambre de Ussing.

Le dépôt de l'ovalbumine est sans effet significatif sur l'Isc des tissus des deux groupes de souris immunisées.

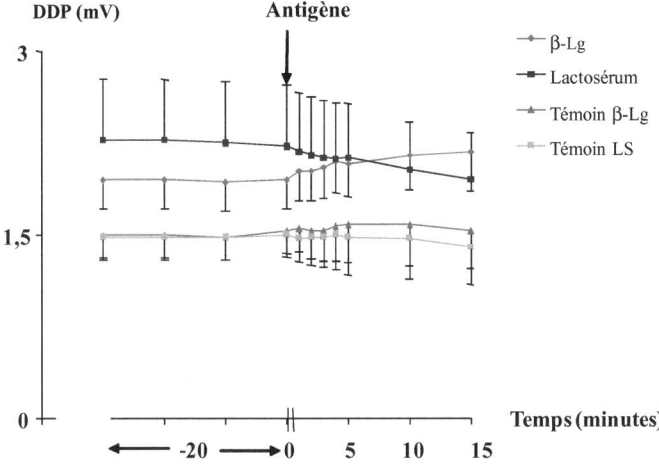

Figure 37. Effets de la β-Lg et du lactosérum du lait de vache natif sur la différence de potentiel (DDP) des fragments jéjunaux de souris sensibilisées à la β-Lg ou au lactosérum montés en chambre de Ussing.

Avant stimulation, les valeurs de base de la DDP sont recueillies pendant 20 minutes.

A t = 0, l'antigène sensibilisant (β-Lg ou lactosérum natifs) est déposé dans le versant séreux aux concentrations respectives de 10 μg/ml et 20 μg/ml.

Les valeurs exprimées sont des moyennes et leurs erreurs standards.

β-Lg (n=6) : Tissus d'animaux sensibilisés à la β–lactoglobuline (β-Lg) native.

Lactosérum (n=6) : Tissus d'animaux sensibilisés au lactosérum

Témoin (n=6) : Tissus d'animaux témoins non stimulés.

Les variations de la conductance G sont reportées dans la figure 38. On remarque que lorsque la β-Lg ou le lactosérum sont ajoutés du côté séreux, la conductance subit une augmentation significative chez les deux groupes d'animaux sensibilisés. Les valeurs enregistrées passent de 34,59 ± 5,3 mmho/cm² à 45,26 ± 6,02 mmho/cm² (p<0,01) pour la β-Lg et de 36,27 ± 9,06 mmho/cm² à 61,87 ± 18,17 mmho/cm² (p<0,05) pour le lactosérum. Chez les témoins en revanche, aucune variation significative de la conductance n'est enregistrée. Ces résultats témoignent donc de l'altération de l'intégrité épithéliale des tissus montés en chambre de Ussing et suggèrent une atteinte des jonctions serrées suite à l'immunisation.

4.2.4. Effet du furosémide

A partir des résultats obtenus précédemment, on constate que l'acticvité électrique reflétée par l'Isc et la conductance des animaux sensibilisés aux protéines du lait de vache varie de façon considérable lorsque la muqueuse intestinale est exposée à l'antigène sensibilisant. De façon générale, on considère que ces paramètres électriques, en particulier l'Isc; sont une mesure des mouvements ioniques à travers l'épithélium intestinal et leur modification traduit un changement dans le transport des ions principalement le Na^+ et le Cl^-.

Pour déterminer, dans notre modèle d'étude, la nature des mécanismes mis en jeu dans l'augmentation de l'activité sécrétoire de l'épithélium intestinal en présence des antigènes sensibilisants, nous avons testé l'action d'un agent diurétique, le furosémide. Celui-ci est un inhibiteur spécifique du système de co-transport $Cl^-/Na^+/K^+$ situé sur la membrane basolatérale. Le furosémide entraîne une déplétion de la cellule en Cl^- et donc une diminution de la sécrétion de chlore.

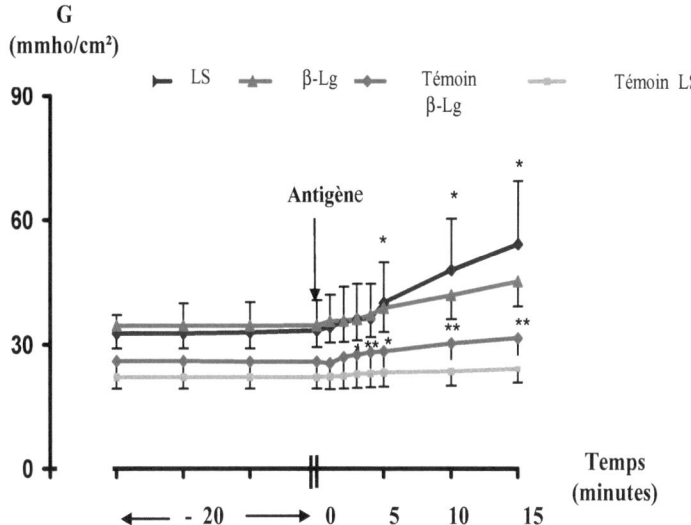

Figure 38. Effets de la β-Lg ou du lactosérum sur la conductance (G) des fragments jéjunaux de souris immunisées montés en chambre de Ussing

β-Lg : souris immunisées à la β-Lactoglobuline (β-Lg) par voie intrapéritonéale (n=6).

Lactosérum: souris immunisées au lactosérum par voie intrapéritonéale (n=6).

Témoins : Témoins respectifs aux deux groupes expérimentaux (n=12).

Avant stimulation, les valeurs de bases de la conductance sont recueillies pendant 20 minutes.

Au temps 0, la β-Lg ou le lactosérum sont déposés dans le compartiment séreux à une concentration finale de 10μg/ml (β-Lg) et 20μg/ml (lactosérum).

Les valeurs reportées sont des moyennes et leurs erreurs standards.

*: p<0,05   **: p<0,01

141

Après montage des fragments jéjunaux de souris immunisées à la β-Lg ou au lactosérum en chambre de Ussing et après stabilisation des paramètres électrophysiologiques de base, les tissus sont incubés en présence de furosémide du côté séreux à la concentration finale de 10^{-5} M. Au terme de 5 minutes, les tissus sont stimulés avec l'agent sensibilisant. Les résultats obtenus montrent que l'introduction du furosémide dans le milieu Ringer ne modifie pas les valeurs de l'Isc qui restent comparables aux valeurs de base. La stimulation des tissus, des souris immunisées, préalablement incubés en présence de furosémide, avec la β-Lg ou le lactosérum ne modifie pas significativement les valeurs de l'Isc qui oscillent entre $72,33 \pm 6,83$ µA/cm². Dans des conditions similaires et en présence du lactosérum, les valeurs de l'Isc restent stables entre $47,76 \pm 6,06$ µA/cm² et $46,80 \pm 5,95$ µA/cm² (Figure 39).

Pour la conductance, les remarques suivantes peuvent être établies: l'antigène sensibilisant stimule significativement la conductance. Et en présence du furosémide 10^{-5} M, la conductance reste fortement stimulée suite à l'introduction de l'agent sensibilisant. En revanche, aucune modification de la DDP n'est observée ni sous l'action de la β-Lg ni sous l'action du lactosérum et ceci en présence ou en absence du furosémide.

A la lumière de ces résultats, il apparaît que ce modèle montre une grande capacité à répondre au furosémide. Celui-ci agit probablement sur la membrane basolatérale en inhibant le co-transport de $Cl^-/Na^+/K^+$ et entraîne une diminution de la sécrétion de Cl^-. Ces résultats impliquent alors que le courant de court circuit induit par l'antigène sensibilisant est un courant de chlorure.

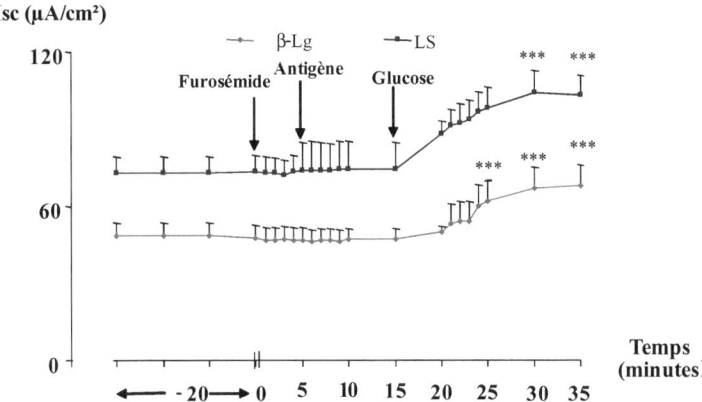

Figure 39. Effet du furosémide sur l'Isc de fragments jéjunaux de souris immunisées montés en chambre de Ussing après stimulation par la protéine sensibilisante (β-Lg ou lactosérum) (n=12).

On note que le dépôt du furosémide inhibe totalement l'augmentation de l'Isc après le dépôt de la protéine sensibilisante.

En fin d'expérience, le glucose est déposé à la concentration de 10 mM dans les compartiments séreux et muqueux. Une modification très significative de l'Isc est observée.

*** : p< 0,001

143

4.2.5. Effet du glucose

Afin de vérifier si l'épithélium intestinal a conservé toutes ses propriétés fonctionnelles lorsque les fragments jéjunaux sont exposés à l'action du furosémide, nous avons testé l'effet du glucose sur les faces muqueuses et séreuses de ces tissus à la fin des expériences. Le glucose a été déposé à la concentration finale de 10 mM.

Les résultats obtenus montrent que l'introduction du glucose entraîne une activation nette de l'Isc, indiquant que le furosémide testé n'a pas d'effet toxique et qu'en plus, ce diurétique n'interfère pas avec le mécanisme d'action du glucose au niveau cellulaire (figure 39).

4.3. Mesure de l'allergénicité des lactosérums issus du lait traité aux micro-ondes ou aux rayons gamma

L'allergénicité résiduelle des échantillons de lactosérums issus du lait traité aux micro-ondes ou aux rayons gamma est également mesurée grâce au modèle de souris Balb/c rendues allergiques aux protéines de lait de vache. Ces tests sont réalisés par mise en contact, en chambre de Ussing, des épithéliums de souris sensibilisées à la β-Lg ou au lactosérum, avec les échantillons de lactosérum issu de lait traité aux micro-ondes ou aux rayons gamma.

On considère que les échantillons qui stimulent les paramètres électrophysiologiques, Isc et G en particulier, ont conservé leur pouvoir allergénique. En revanche, l'absence d'effet de la stimulation par les échantillons traités sur l'Isc et le G laisse suggérer une diminution de l'allergénicité induite par le traitement appliqué.

4.3.1. Effets des lactosérums issus de lait traité aux micro-ondes sur les fragments intestinaux de souris immunisées à la β-Lg ou au lactosérum

4.3.1.1. Effet sur l'Isc

L'effet de la stimulation au lactosérum issu du lait traité aux micro-ondes (300 watts/20 minutes, 700 watts/10 minutes) sur l'Isc des fragments jéjunaux de souris immunisées à la β-Lg ou au lactosérum est indiqué sur les figures 40 et 41 respectivement.

Les résultats obtenus montrent que la mise en contact, des tissus de souris sensibilisées à la β-Lg, avec 20 µg/ml de lactosérum issu de lait traité aux micro-ondes à 300 watts pendant 20 minutes ou à 700 watts pendant 10 minutes n'entraîne aucune variation significative des valeurs de l'Isc qui restent stables durant toute la durée de l'expérience.

Des réponses similaires sont obtenues avec les fragments jéjunaux de souris immunisées au lactosérum, stimulés par dépôt de 20 µg/ml de lactosérum issu du lait traité aux micro-ondes à 700 watts. Alors que le lactosérum issu du lait traité à 300 watts pendant 20 minutes stimule fortement l'Isc qui passe de $82,01 \pm 7,14$ µA/cm² à $119,93 \pm 18,38$ µA/cm² ($p<0,01$).

4.3.1.2. Effet sur la DDP

L'effet de la stimulation par les échantillons traités aux micro-ondes sur la DDP des tissus de souris immunisées à la β-Lg ou au lactosérum est indiqué sur les figures 42 et 43 respectivement.

Les résultats obtenus montrent que le dépôt de lactosérums issus du lait traité à 300 watts pendant 20 minutes ou à 700 watts pendant 10 minutes

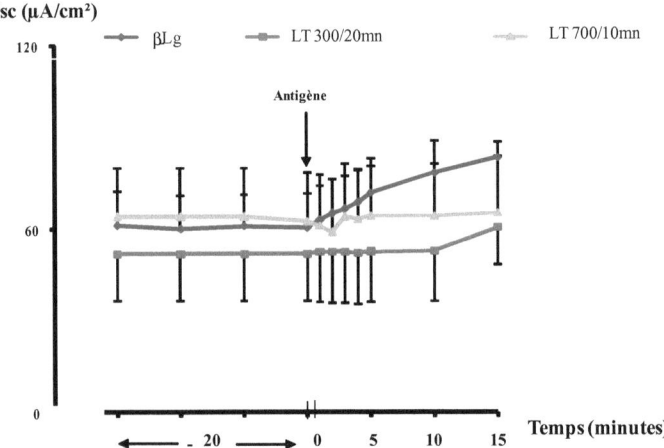

Figure 40. Effet de la protéine sensibilisante (β-Lg) et des laits traités aux micro-ondes sur le courant de court-circuit des fragments jéjunaux de souris sensibilisées à la β-Lg montés en chambre de Ussing.

Avant stimulation, les valeurs de base de l'Isc (G) sont recueillies pendant 20 minutes.

A t = 0, la protéine sensibilisante (β-Lg) (10 µg/ml) ou les laits traités aux micro-ondes sont déposés dans le versant séreux à une concentration de 20 µg/ml.
Les valeurs exprimées sont des moyennes et leurs erreurs standards.
β-Lg (n=6) : Tissus d'animaux sensibilisés à la β-Lg.
LT 300 watts/20 mn (n=6) : Tissus d'animaux sensibilisés à la β-Lg et stimulés au lait traité aux micro-ondes à 300 watts pendant 20 mn
LT 700 watts/10 mn (n=6) : Tissus d'animaux sensibilisés à la β-Lg et stimulés au lait traité aux micro-ondes à 700 watts pendant 10 mn.

* : p<0,05

** : p<0,01

146

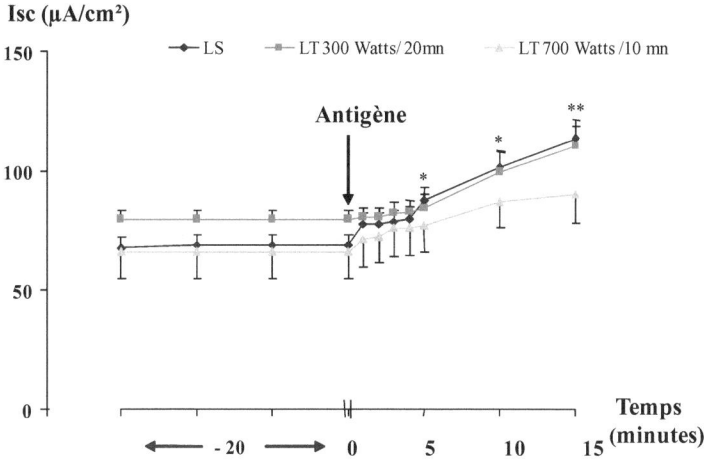

Figure 41. Effet de la protéine sensibilisante (lactosérum) et des laits traités aux micro-ondes sur le courant de court-circuit (Isc) des fragments jéjunaux de souris sensibilisées au lactosérum montés en chambre de Ussing.

Avant stimulation, les valeurs de base de l'Isc sont recueillies pendant 20 minutes.

A t = 0, la protéine sensibilisante (lactosérum) (20 µg/ml) et les laits traités aux micro-ondes sont déposés dans le versant séreux à une concentration de 20 µg/ml.
Les valeurs reportées sont des moyennes et leurs erreurs standards.
Lactosérum (n=6) : Tissus d'animaux sensibilisés à la β-Lg.
LT 300 watts/20 mn (n=6) : Tissus d'animaux sensibilisés au lactosérum et stimulés au lait traité aux micro-ondes à 300 watts pendant 20 mn
LT 700 watts/10 mn (n=6) : Tissus d'animaux sensibilisés au lactosérum et stimulés au lait traité aux micro-ondes à 700 watts pendant 10 mn.

* : p<0,05
** : p<0,01

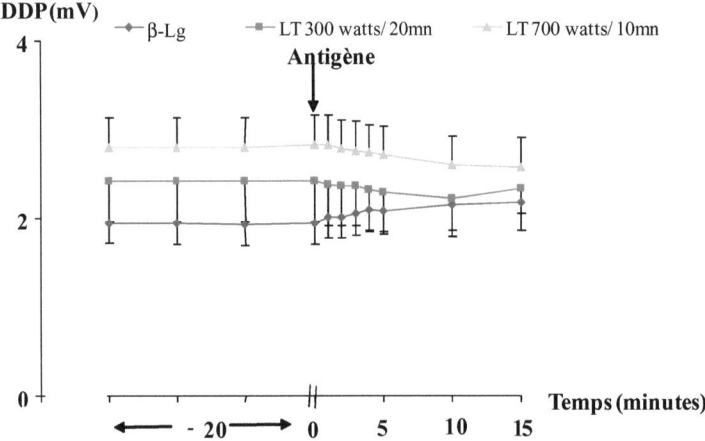

Figure 42. Effet de la protéine sensibilisante (β-Lg) et des laits traités aux micro-ondes sur la DDP des fragments jéjunaux de souris sensibilisées à la β-Lg montés en chambre de Ussing.

Avant stimulation, les valeurs de base de la DDP sont recueillies pendant 20 minutes.

A t = 0, la protéine sensibilisante (β-Lg) (10 µg/ml) et les laits traités aux micro-ondes sont déposés dans le versant séreux à une concentration de 20 µg/ml.
Les valeurs exprimées sont des moyennes et leurs erreurs standards.
β-Lg (n=6) : Tissus d'animaux sensibilisés à la β-Lg.
LT 300 watts/20 mn (n=6) : Tissus d'animaux sensibilisés à la β-Lg et stimulés au lait traité aux micro-ondes à 300 watts pendant 20 mn
LT 700 watts/10 mn (n=6) : Tissus d'animaux sensibilisés à la β-Lg et stimulés au lait traité aux micro-ondes à 700 watts pendant 10 mn.

148

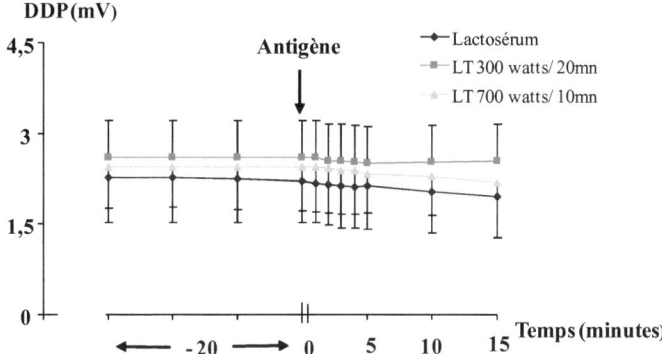

Figure 43. Effet de la protéine sensibilisante (lactosérum) et des laits traités aux micro-ondes sur la DDP des fragments jéjunaux de souris sensibilisées au lactosérum montés en chambre de Ussing.

Avant stimulation, les valeurs de base de la DDP sont recueillies pendant 20 minutes.

A t = 0, la protéine sensibilisante (lactosérum) et les laits traités aux micro-ondes sont déposés dans le versant séreux à une concentration de 20 µg/ml.
Les valeurs reportées sont des moyennes et leurs erreurs standards.
Lactosérum (n=6) : Tissus d'animaux sensibilisés au lactosérum.
LT 300 watts/20 mn (n=6) : Tissus d'animaux sensibilisés au lactosérum et stimulés au lait traité aux micro-ondes à 300 watts pendant 20 mn
LT 700 watts/10 mn (n=6) : Tissus d'animaux sensibilisés au lactosérum et stimulés au lait traité aux micro-ondes à 700 watts pendant 10 mn.

ne modifie pas la DDP aussi bien des tissus des animaux immunisés à la β-Lg que ceux immunisés au lactosérum.

4.3.1.3. Effet sur la conductance

La stimulation par les lactosérums issus du lait traité aux micro-ondes à 300 watts pendant 20 minutes et 700 watts pendant 10 minutes n'a aucun effet significatif sur la conductance des tissus de souris immunisées à la β-Lg (figure 44). Il en est de même pour les tissus, des souris immunisées au lactosérum, stimulés au lactosérum issu du lait traité à 700 watts pendant 10 minutes (figure 45). En revanche, le lactosérum issu du lait traité à 300 watts pendant 20 minutes augmente significativement la conductance des tissus de souris immunisées au lactosérum et qui passe de $35,76 \pm 2,25$ mmho/cm² à $56 \pm 4,53$ mmho/cm² ($p<0,05$) au bout de 15 minutes d'expérience (figure 45).

4.3.2. Effets des lactosérums issus du lait traité aux rayons gamma sur les fragments jéjunaux de souris immunisées à la β-Lg ou au lactosérum

4.3.2.1. Effet sur l'Isc

Nos résultats montrent que l'Isc ne subit aucune modification lorsque les tissus des souris immunisées à la β-Lg sont stimulés avec le lactosérum issu du lait traité aux rayons gamma à 5 kGy. En revache, le lactosérum issu du lait traité à 10 kGy stimule significativement l'Isc qui passe de $73,27 \pm 3,20$ µA/cm² à $82,92 \pm 5,43$ µA/cm² ($p<0,01$) (figure 46).

Le courant de court circuit des tissus de souris immunisées au lactosérum est également significativement augmenté par le lactosérum issu du lait traité à 5 kGy et celui issu du lait traité à 10 kGy lorsqu'ils sont

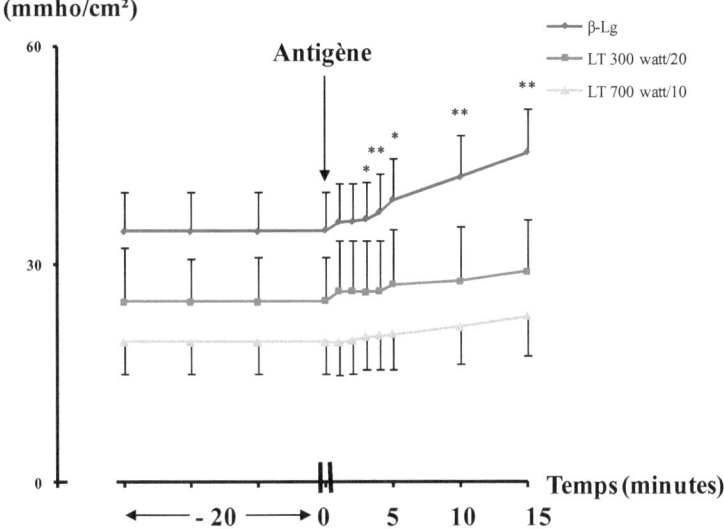

Figure 44. Effet de la protéine sensibilisante (β-Lg) et des laits traités aux micro-ondes sur la conductance (G) des fragments jéjunaux de souris sensibilisées à la β-Lg montés en chambre de Ussing.

Avant stimulation, les valeurs de base de la conductance (G) sont recueillies pendant 20 minutes.

A t = 0, la protéine sensibilisante (β-Lg) (10 µg/ml) et les laits traités aux micro-ondes sont déposés dans le versant séreux à une concentration de 20 µg/ml.
Les valeurs exprimées sont des moyennes et leurs erreurs standards.
β-Lg (n=6) : Tissus d'animaux sensibilisés à la β-Lg.
LT 300Watt/20 mn (n=6) : Tissus d'animaux sensibilisés à la β-Lg et stimulé au lait traité aux micro-ondes à 300 Watt pendant 20 mn
LT 700 Watt/20 mn (n=6) : Tissus d'animaux sensibilisés à la β-Lg et stimulé au lait traité aux micro-ondes à 700Watt pendant 10mn.

* : p<0,05   ** : p<0,01

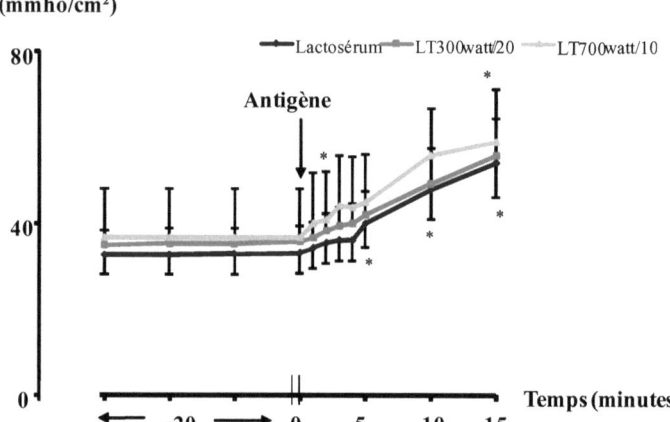

Figure 45. Effet de la protéine sensibilisante (lactosérum) et des laits traités aux micro-ondes sur la conductance (G) des fragments jéjunaux de souris sensibilisées au lactosérum montés en chambre de Ussing.

Avant stimulation, les valeurs de base de la conductance (G) sont recueillies pendant 20 minutes.

A t = 0, la protéine sensibilisante (lactosérum) et les laits traités aux micro-ondes sont déposés dans le versant séreux à une concentration de 20 µg/ml.
Les valeurs reportées sont des moyennes et leurs erreurs standards.
Lactosérum (n=6) : Tissus d'animaux sensibilisés au lactosérum.
LT 300 watts/20 mn (n=6) : Tissus d'animaux sensibilisés au lactosérum et stimulés au lait traité aux micro-ondes à 300 watts pendant 20 mn
LT 700 watts/20 mn (n=6) : Tissus d'animaux sensibilisés au lactosérum et stimulés au lait traité aux micro-ondes à 700 watts pendant 10 mn.

* : p<0,05

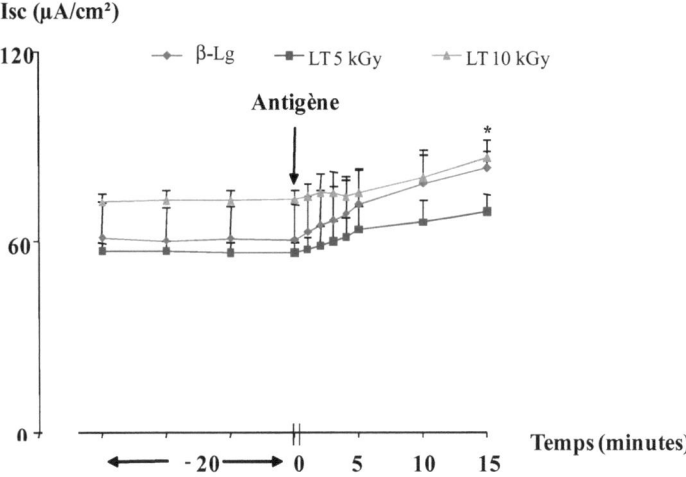

Figure 46. Effet de la protéine sensibilisante (β-Lg) et des laits traités aux rayons γ sur le courant de court-circuit des fragments jéjunaux de souris sensibilisées à la β-Lg montés en chambre de Ussing.

Avant stimulation les valeurs de base de l'Isc (G) sont recueillies pendant 20 minutes.

A t = 0, la protéine sensibilisante (β-Lg) (10 µg/ml) ou les laits traités au rayonnement gamma sont déposés dans le versant séreux à une concentration de 20 µg/ml.
Les valeurs exprimées sont des moyennes et leurs erreurs standards.
β-Lg (n=6) : Tissus d'animaux sensibilisés à la β-Lg.
LT 300 watts/20 mn (n=6) : Tissus d'animaux sensibilisés à la β-Lg et stimulés au lait traité aux micro-ondes à 300 watts pendant 20 mn
LT 700 watts/10 mn (n=6) : Tissus d'animaux sensibilisés à la β-Lg et stimulés au lait traité aux micro-ondes à 700 watts pendant 10 mn.

* : p<0,05

déposés dans le compartiment séreux (figure 47). Les valeurs de l'Isc enregistrées passent de $88,88 \pm 2,28$ µA/cm² à $149,58 \pm 5,44$ µA/cm² (p<0,05) pour le lactosérum issu du lait traité à 5 kGy et $47,69 \pm 5,35$ µA/cm² à $55,75 \pm 4,51$ µA/cm² pour le lactosérum issu du lait traité à 10 kGy (p<0,05) (figure 47).

4.3.2.2. Effet sur la DDP

Les résultats obtenus montrent que le dépôt de lactosérums issus du lait traité à 5 kGy ou à 10 kGy, dans le versant séreux, n'entraîne aucune modification significative de la DDP aussi bien des tissus de souris immunisées à la β-Lg (figure 48) que ceux des souris immunisées au lactosérum (figure 49).

4.3.2.3. Effet sur la conductance

Le dépôt du lactosérum issu du lait traité à 5 kGy dans le versant séreux reste sans effet sur la conductance des tissus de souris sensibilisées à la β-Lg. Alors que le dépôt du lactosérum issu du lait traité à 10 kGy augmente significativement les valeurs de la conductance qui passent de $27,66 \pm 4,63$ mmho/cm² à $40,87 \pm 10,83$ mmho/cm² (p<0,05) (figure 50).

Chez le groupe de souris immunisées au lactosérum, la conductance est significativement augmentée aussi bien avec le lactosérum issu du lait traité à 5 kGy qu'avec celui issu du lait traité à 10 kGy. Les valeurs de la conductance passent de $25,75 \pm 2,21$ mmho/cm² à $58,33 \pm 2,41$ mmho/cm² (p<0,01) pour le lactosérum issu du lait traité à 5 kGy et de $16,88 \pm 1,12$ mmho/cm² à $21,88 \pm 1,36$ mmho/cm² (p<0,05) pour le lactosérum issu du lait traité à 10 kGy (figure 51).

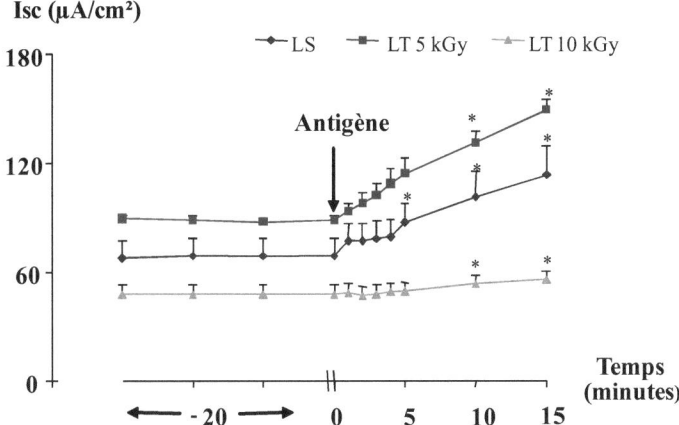

Figure 47. Effet de la protéine sensibilisante (lactosérum) et des laits traités aux rayons gamma sur le courant de court-circuit (Isc) des fragments jéjunaux de souris sensibilisées au lactosérum montés en chambre de Ussing.

Avant stimulation, les valeurs de base de la conductance (G) sont recueillies pendant 20 minutes.

A t = 0, la protéine sensibilisante (lactosérum) (20 µg/ml) et les laits traités au rayonnement gamma sont déposés dans le versant séreux à une concentration de 20 µg/ml.
Les valeurs reportées sont des moyennes et leurs erreurs standards.
Lactosérum (n=6) : Tissus d'animaux sensibilisés à la β-Lg.
LT 5 kGy (n=6) : Tissus d'animaux sensibilisés au lactosérum et stimulés au lait traité aux rayons gamma LT 5 kGy.
LT 10 kGy (n=6) : Tissus d'animaux sensibilisés au lactosérum et stimulés au lait traité aux rayons gamma LT 10 kGy.

* : p<0,05

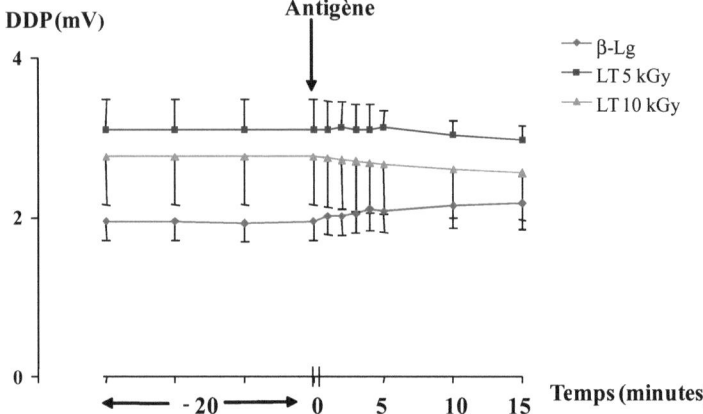

Figure 48. Effet de la protéine sensibilisante (β-Lg) et des laits traités au rayonnement gamma sur la DDP des fragments jéjunaux de souris sensibilisées à la β-Lg montés en chambre de Ussing

Avant stimulation, les valeurs de base de la DDP sont recueillies pendant 20 minutes.

A t = 0, la protéine sensibilisante (β-Lg) (10 µg/ml) et les laits traités au rayonnement gamma sont déposés dans le versant séreux à une concentration de 20 µg/ml.
Les valeurs exprimées sont des moyennes et leurs erreurs standards.
β-Lg (n=6) : Tissus d'animaux sensibilisés à la β-Lg.
LT 10 kGy (n=6) = Tissus d'animaux sensibilisés à la β-Lg et stimulés au lait traité aux rayons gamma à la dose de 10 kGy.
LT 5 kGy (n=6) = Tissus d'animaux sensibilisés à la β-Lg et stimulés au lait traité aux rayons gamma à la dose de 5 kGy

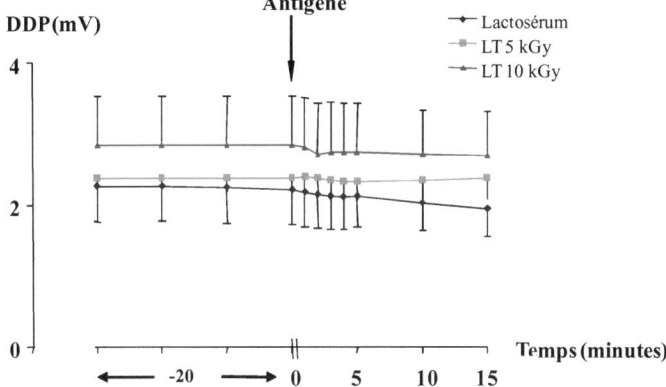

Figure 49. Effet de la protéine sensibilisante (lactosérum) et des laits traités au rayonnement gamma sur la DDP des fragments jéjunaux de souris sensibilisées au lactosérum montés en chambre de Ussing.

Avant stimulation, les valeurs de base de la DDP sont recueillies pendant 20 minutes.

A ι = 0, la protéine sensibilisante (lactosérum) et les laits traités au rayonnement gamma sont déposés dans le versant séreux à une concentration de 20 µg/ml.
Les valeurs reportées sont des moyennes et leurs erreurs standards.
Lactosérum (n=6) : Tissus d'animaux sensibilisés au lactosérum.
LT 5 kGy (n=6) : Tissus d'animaux sensibilisés au lactosérum et stimulés au lait traité aux rayons gamma LT 5 kGy.
LT 10 kGy (n=6) : Tissus d'animaux sensibilisés au lactosérum et stimulés au lait traité aux rayons gamma LT 10 kGy.

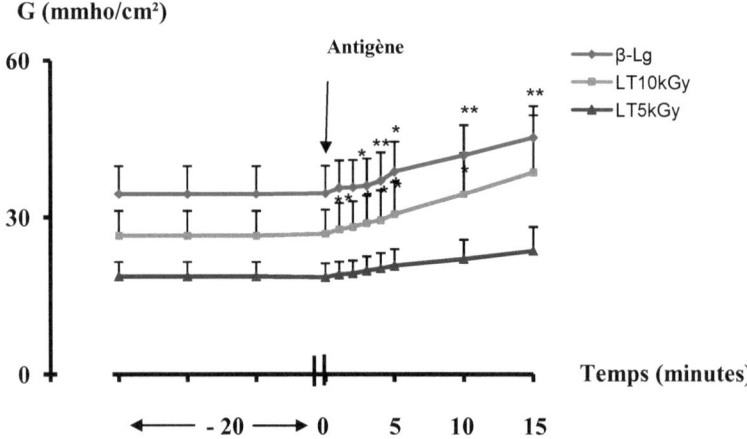

Figure 50. Effet de la protéine sensibilisante (β-Lg) et des laits traités au rayonnement gamma sur la conductance (G) des fragments jéjunaux de souris sensibilisées à la β-Lg montés en chambre de Ussing.

Avant stimulation, les valeurs de base de la conductance (G) sont recueillies pendant 20 minutes.

A t = 0, la protéine sensibilisante (β-Lg) (10 µg/ml) et les laits traités au rayonnement gamma sont déposés dans le versant séreux à une concentration de 20 µg/ml.
Les valeurs exprimées sont des moyennes et leurs erreurs standards.
β-Lg (n=6) : Tissus d'animaux sensibilisés à la β-Lg.
LT 10 kGy (n=6) = Tissus d'animaux sensibilisés à la β-Lg et stimulés au lait traité aux rayons gamma à la dose de 10kGy.
LT 5 kGy (n=6) = Tissus d'animaux sensibilisés à la β-Lg et stimulés au lait traité aux rayons gamma à la dose de 5kGy
Témoin (n=6) : Tissus d'animaux témoins stimulés à la β-Lg.

* : p<0,05 ** : p<0,01

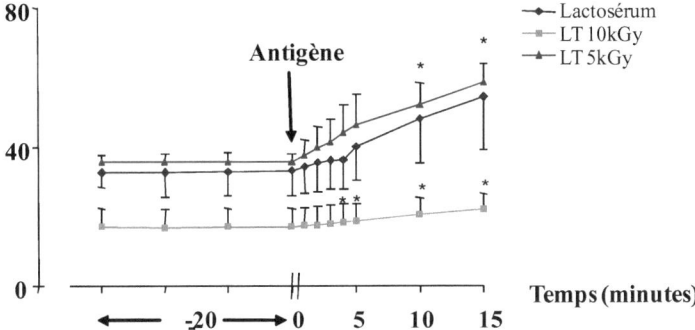

Figure 51. Effet de la protéine sensibilisante (Lactosérum) et des laits traités aux rayonnements gamma sur la conductance (G) des fragments jéjunaux de souris sensibilisées au lactosérum montés en chambre de Ussing

Avant stimulation, les valeurs de base de la conductance (G) sont recueillies pendant 20 minutes.

A t = 0, la protéine sensibilisante (lactosérum) et les laits traités au rayonnement gamma sont déposés dans le versant séreux à une concentration de 20 µg/ml.
Les valeurs reportées sont des moyennes et leurs erreurs standards.
Lactosérum (n=6) : Tissus d'animaux sensibilisés au lactosérum.
LT 10 kGy (n=6) = Tissus d'animaux sensibilisés au lactosérum et stimulés au lait traité aux rayons gamma à la dose de 10kGy.
LT5 kGy (n=6) = Tissus d'animaux sensibilisés au lactosérum et stimulés au lait traité aux rayons gamma à la dose de 5kGy

* : p<0,05

En conclusion de cette partie de travail, les résultats obtenus à partir la chambre de Ussing montrent clairement une diminution de l'allergénicité du lait lorsqu'il est traité aussi bien avec les micro-ondes qu'avec le rayonnement gamma. L'effet sur l'allergénicité est fonction de la durée et de l'intensité du traitement. Cependant, ces réponses sont modulées par un facteur important. Il s'agit de l'agent sensibilisant. Il semble, en effet, que la réponse des animaux diffère sensiblement selon que l'antigène soit administré seul ou sous forme d'un mélange. Dans notre contexte, les animaux immunisés au lactosérum c'est-à-dire qui contient plusieurs protéines sont plus prompts à produire une réaction d'hypersensibilité que ceux qui sont sensibilisés à la β-Lg seule.

Discussion

Discussion

Ce travail a été entrepris afin d'évaluer les effets de deux types de traitements: le chauffage par micro-ondes et l'irradiation aux rayons gamma sur l'antigénicité et l'allergénicité des protéines du lait de vache.

Dans la première partie de ce travail, nous avons étudié une éventuelle modification de la composition protéique du lait par suite de traitements aux micro-ondes et aux rayons gamma par électrophorèse sur gel de polyacrylamide. Cette étude a permis de s'assurer de la présence ou non des principales protéines allergisantes avant et après traitement. Les résultats obtenus montrent clairement que l'action directe des micro-ondes sur le lactosérum ne semble pas affecter le profil électrophorétique de ses protéines. En revanche, ce même type de traitement entraîne une forte atténuation des bandes protéiques lorsqu'il est appliqué sur le lait entier.

L'effet des micro-ondes sur la dénaturation des protéines du lait a déjà été montré et il a été comparé à celui du chauffage conventionnel (Finot, 1996; Villamiel et al., 1996a). Ces travaux ont montré l'identité des taux de dénaturation des protéines du lait et du lactosérum, quelque soit le mode de chauffage (conventionnel ou par micro-ondes).

Il est admis que le traitement thermique affecte la structure des protéines (Davis et Williams, 1998). Ces changements de structure n'affectent a priori que les protéines globulaires c'est-à-dire ayant une structure secondaire et tertiaire, voire quaternaire. La dénaturation des protéines est un phénomène commun des protéines chauffées. Elle correspond à leurs changements conformationnels irréversibles par suite du traitement thermique ayant atteint une température critique. Cette dénaturation est suivie par une phase d'agrégation des protéines dénaturées qui donne naissance à des agrégats (Anema et Li, 2003a). D'autres

163

changements structuraux peuvent être induits par le chauffage tels la rupture des ponts disulfures et la réaction de Maillard. Il est cependant, important de préciser que le niveau de dénaturation et d'agrégation subie par une protéine dépend de sa structure initiale et de sa concentration, de la température, du temps et du mode de chauffage utilisé, des paramètres environnementaux (pH et force ionique) ainsi que de la présence d'autres constituants (Anema et Li, 2003b; Anema et al., 2004).

Aux puissances élevées, le chauffage par micro-ondes semble entraîner des effets différents de ceux obtenus avec le chauffage conventionnel. Des travaux ont montré une augmentation du taux de dénaturation des protéines avec le chauffage par micro-ondes aux puissances élevées (Villamiel et al., 1996a; Valero et al., 2000). La dénaturation obtenue avec ce type de traitement résulte de l'effet des ondes électromagnétiques qui vient se rajouter à l'effet hyperthermique. Il en résulte une excitation de la molécule qui perturbe la surface de la protéine et affecte ses propriétés de dénaturation et d'agrégation (Bohr et Bohr, 2000).

Nos résultats montrent également que les profils électrophorétiques du lait traité au rayonnement gamma révèlent une forte persistance des bandes protéiques. De ce fait, l'irradiation ne semble pas affecter le lait, quelque soit sa forme, sur le plan de la composition protéique. Ces résultats sont en accord avec les travaux de Lee et al., 2000. Cependant, nos données ne concordent pas avec celles de cette équipe lorsque les protéines sont traitées seules, sous forme pure. En effet, ces auteurs montrent que l'irradiation modifie les profils électrophorétiques des protéines tout en donnant naissance à de nouvelles bandes protéiques (Lee et al., 2001).

Il a été montré que l'irradiation au rayonnement gamma induit des modifications physico-chimiques des protéines. Ces modifications peuvent être réversibles ou irréversibles selon les conditions du traitement. Les radiations ionisantes peuvent interagir directement avec les molécules protéiques et entraîner la fragmentation des chaînes peptidiques par rupture des liaisons covalentes (Audette, 2000). Par ailleurs, les rayons gamma peuvent avoir des effets indirects en impliquant des molécules réactives issues de la radiolyse de l'eau. Ces molécules réactives peuvent interagir avec les molécules protéiques et entraîner la fragmentation de la structure primaire des protéines (Davies et Delsignore, 1987). Elles peuvent également être responsables de la formation de liaisons covalentes et former des agrégats protéiques (Moon et Song, 2000; Assemand et al., 2003).

Dans notre travail, nous avons étudié également une éventuelle modification de l'antigénicité des protéines du lait de vache par suite de traitements aux micro-ondes et aux rayons gamma. Pour rappel, l'antigénicité englobe à la fois l'aptitude à être reconnue et à se lier à des anticorps spécifiques (IgG) (Wal, 1993). L'antigénicité d'une protéine dépend du nombre d'épitopes qu'elle contient. L'épitope peut être séquentiel, c'est-à-dire que seuls la nature et l'ordre d'enchaînement des acides aminés interviennent. Il peut être aussi conformationnel, et c'est souvent le cas, et ceci résulte de la structure spatiale des acides aminés.

Dans le contexte de notre travail, l'antigénicité des protéines du lait traité aux micro-ondes et au rayonnement gamma est étudiée par la mesure de leur réactivité vis-à-vis des anticorps de type IgG anti β-Lg et anti α-La produits chez le lapin, en utilisant une méthode immunoenzymaytique ELISA. Les résultats obtenus ont montré que le traitement aux micro-ondes diminue fortement la réactivité du lait lorsqu'il est appliqué à de faibles puissances (300 et 400 watts) et pendant des durées de traitement prolongées (15 et 20 minutes). De la même manière, un traitement micro-onde à des puissances élevées (600 et 700 watts) pendant 10 minutes diminue également leur réactivité.

Il a été montré que le chauffage aux micro-ondes peut modifier la structure moléculaire impliquant la dénaturation et l'agrégation des molécules protéiques (Finot, 1996). On peut donc légitimement supposer que des changements d'immunoréactivité pourraient découler de ces modifications. Pour mieux tenter de comprendre ces effets contrastés de la chaleur sur l'immunoréactivité des allergènes alimentaires, il faut revenir sur la structure des protéines et sur la répartition des épitopes.

Les épitopes sont généralement situés en surface des protéines, dans des zones de forte flexibilité et de forte hydrophilie (Moneret-Vautrin, 1997), mais ils peuvent aussi bien être situés dans des zones hydrophobes, non accessibles aux anticorps, dans la conformation native de la protéine (Selo et al., 1999). Ces épitopes peuvent être répartis tout le long de la molécule, comme dans le cas de la β-Lg, ou principalement localisés dans une zone particulière comme c'est le cas de la protéine d'arachide (Maleki et al., 2000).

On peut admettre, de façon très schématique, que si on chauffe une protéine et qu'on dénature une partie de sa structure secondaire et tertiaire, le niveau de diminution de son immunoréactivité va dépendre de l'équilibre entre le nombre d'épitopes séquentiels et conformationnels accessibles. Plus l'équilibre sera en faveur de ces derniers et plus on peut s'attendre à une diminution de la réactivité de la protéine. Dans le cas contraire, un traitement thermique est supposé n'avoir que peu d'effets. La résistance à un traitement thermique peut aussi être due au masquage d'épitopes. Un traitement thermique dénature et agrége la protéine mais n'affecte pas son immunoréactivité (Koppelman et al., 1999). Il est alors possible que la structure quaternaire de celle-ci joue un rôle significatif dans cette résistance. Dans le cas d'une augmentation de l'immunoréactivité d'une protéine induite par le chauffage, deux causes ont été identifiées dans la littérature citée: un démasquage d'épitopes par changement conformationnel et une modification chimique d'acides aminés par réaction de Maillard avec les glucides (Davis et al., 2001).

Dans notre travail et de manière générale, les résultats obtenus montrent que le traitement du lait aux rayons gamma ne semble pas diminuer l'immuno-réactivité des protéines sériques.

Nos résultats ne concordent pas avec ceux obtenus par Lee et al. (2001) qui rapportent au contraire une diminution de la réactivité des protéines purifiées du lait bovin. D'autres données indiquent également une diminution du pouvoir antigénique de certains allergènes (l'ovalbumine et la tropomyosine) traités isolement aux rayons gamma (Kume et al., 1994; Byun et Lee, 2002). Ces travaux suggèrent une altération de la structure protéique avec modification des propriétés antigéniques probablement par masquage des épitopes secondaire à l'agrégation des protéines. Il semblerait que les effets des rayons gamma sur l'immuno-réactivité des protéines diffèrent sensiblement, selon que la protéine soit traitée seule ou dans un mélange (aliment) (Hayashi, 1991).

Nos résultats montrent également qu'aux doses élevées (10 kGy) l'irradiation de la poudre de lait augmente l'immuno-réactivité des protéines. Ces résultats vont dans le sens des travaux de Hefle et al. (1996) qui ont montré que l'irradiation de la farine de blé augmente son immunoréactivité. Selon cet auteur, l'augmentation de l'immunoréactivité peut être due à l'exposition des épitopes induite par l'effet des radicaux libres formés au cours de l'irradiation.

La deuxième grande partie de notre travail est consacrée à l'étude d'une éventuelle modification de l'allergénicité du lait par suite de traitements aux micro-ondes et aux rayons gamma.

Pour rappel, l'allergénicité est une activité biologique-immunologique que manifeste une protéine dans certaines conditions et chez certains sujets seulement (Wal, 2004). L'allergie alimentaire est en effet, une réponse immunopathologique à un aliment, par un individu génétiquement prédisposé. Elle est médiée par des anticorps spécifiques d'une classe particulière, les IgE. Les tests de provocation en double aveugle constituent le moyen le plus fiable pour tester l'allergénicité des aliments. Cependant et pour des raisons éthiques, l'utilisation de cette méthode se limite aux tests réalisés dans un but diagnostic. Afin de remédier à cette situation, les chercheurs ont recours au modèle animal.

Dans le contexte de notre travail, et afin de mesurer l'allergénicité résiduelle des échantillons de lait traité aux micro-ondes ou au aux rayons gamma, un modèle animal d'APLV est mis en place. Celui-ci est obtenu par sensibilisation des souris Balb/c contre la β-Lg purifiée ou sous forme de mélange (lactosérum) en présence de l'hydroxyde d'aluminium Al (OH)$_3$ utilisé comme adjuvant. La réponse systémique des animaux est évaluée par mesure des titres en anticorps sériques spécifiques (IgG totales, IgG1, IgG2a et IgE). Les résultats obtenus montrent que la sensibilisation des animaux se traduit par la production d'anticorps spécifiques avec prédominance des IgG1 et IgE traduisant une réponse de type Th2. Ces résultats sont en accord avec les divers travaux qui ont obtenu, suite à l'immunisation, non seulement des titres importants en IgG totales, IgG1 et IgG2a mais également des IgE (Kato et al., 1999; Adel- Patient et al., 2000; Frossard et al., 2001; Lifrani, 2006).

La mesure des IgG totales indique seulement que la protéine est immunogène. La caractérisation des isotypes des IgG: IgG1 et IgG2a peut renseigner sur le type de réponse immune induite par de la protéine. Il est admis que les anticorps de type IgG1 et IgE sont liés à une réponse immune de type Th2. Alors que les anticorps IgG2a sont liés à une réponse de type Th1 (Stevens et al., 1988). De plus, les titres en IgG1 sont généralement élevés chez les sujets allergiques. Alors qu'une réponse de type Th1 prédomine chez les sujets non allergiques. Ainsi, les IgG1 et les IgG2a indicateurs de réponse Th1 et Th2 dépendent en général de la souche, de la voie de sensibilisation et de la dose de l'antigène (Dearman et Kimber, 2001; Helm et al., 2003).

Il est toutefois important de rappeler qu'une réponse de type Th2 caractérisée par la production des anticorps réaginiques de type IgG1 et IgE traduit une sensibilisation à l'antigène et non pas une réaction allergique. La réaction allergique doit être examinée par des tests de provocation appropriés à l'aide du modèle animal.

La littérature citée rapporte que les réactions locales aux antigènes du lait peuvent être évaluées in vivo et in vitro par stimulation de divers types tissulaires et la mesure des cytokines libérées dans le milieu. Kato et al. (1999) ont mesuré le taux de sécrétion de l'IL-4, l'IL-10, l'IL-12 et le TNF-α par les cellules de la rate, les lymphocytes de la muqueuse intestinale et les cellules des plaques de Peyer stimulées à la β-Lg. La stimulation du tissu individuel renseigne sur l'équilibre Th1/Th2 local dans l'organe d'origine. Ces cellules peuvent également être utilisées dans les tests d'immunospot qui permettent de compter les cellules secrétant les anticorps spécifiques de la β-Lg (Kato et al., 1999). Les anticorps secrétés dans la lumière des animaux sensibilisés peuvent être également mesurés (Pecquet et al., 2000).

L'activation des mastocytes est également un bon marqueur de l'activité immunologique. Elle peut être évaluée par la mesure des concentrations de l'enzyme libérée suite à la dégranulation des mastocytes ou par la mesure des taux de composants libérés par les mastocytes. La protéase II du mastocyte du rat (RMCPII) est un marqueur spécifique de la dégranulation des mastocytes de la muqueuse intestinale (Ju et al., 1995; Fritsché et al., 1997). La méthode classique de coloration des mastocytes au colorant Giemsa et l'observation microscopique permettent de mettre en évidence la dégranulation mastocytaire. Les effets locaux de la sensibilisation à la β-Lg sur la structure peuvent être évalués par coloration histochimique des tissus suivie d'une analyse microscopique.

Dans notre travail, l'allergénicité des laits traités a été mesurée à l'aide d'un test de provocation original réalisé in vitro en chambre de Ussing. Ce test nous permet d'étudier l'interaction des protéines sensibilisantes (β-Lg ou lactosérum) avec les fragments jéjunaux des animaux immunisés et de préciser cette action sur les mouvements des électrolytes (sodium et chlorures essentiellement) reflétés par le courant de court circuit. D'autre part, les paramètres électrophysiologiques (Isc, DDP, G) permettent de contrôler tout au long de l'expérience la viabilité du tissu. En effet, la conductance ou la résistance du tissu reflète la perméabilité des jonctions serrées vis-à-vis des ions inorganiques, principalement des cations (Gumbiner, 1987). Enfin, l'adjonction enfin d'expérience du glucose dans le milieu permet facilement de vérifier que le transport des sucres reste fonctionnel, ce qui constitue un autre contrôle des tissus.

Concernant la validation de notre modèle murin d'allergie aux PLV, nos résultats ont montré très clairement que lorsqu'on expose en chambre de Ussing des fragments de jéjunum de souris sensibilisées par voie parentérale à l'action de la β-Lg ou du lactosérum (protéines sensibilisantes), l'activité électrogènique spontanée des tissus tend à augmenter comme l'attestent les variations significatives du courant de court circuit. Ce paramètre électrique est une mesure des mouvements ioniques principalement du Na^+ et du Cl^-.

Nos résultats indiquent aussi très clairement que cette augmentation de l'Isc spécifique à l'antigène sensibilisant est totalement inhibée par le furosémide à la concentration de 10^{-5} M. Or, ce diurétique est connu pour agir rapidement sur l'inhibition du cotransport $Na^+/K^+/2Cl^-$ situé sur la membrane basolatérale de l'entérocyte entraînant une déplétion de la cellule en Cl^- et donc une diminution de la sécrétion de chlore. Ces résultats permettent donc à l'évidence de conclure que dans ce modèle d'étude, les variations du courant de court circuit de base induite par l'antigène sensibilisant sont essentiellement dues à un courant de chlore. Nos résultats sont en accord avec les travaux publiés sur l'anaphylaxie intestinale se traduisant par la sécrétion de chlorure, chez de nombreuses espèces animales telles le rat (Perdue et al., 1984; Berin et al., et al., 1998), le cochon (Poonyachoti et Brown, 2001), le cobaye (Kitagawa et al., 1995), le lapin hyperimmunisé (Saïdi, 1996, Addou et al., 2004) et l'enfant allergique aux PLV (Saïdi et al., 1994; 1995).

La réponse anaphylactique est généralement étroitement liée aux IgE. Cependant, chez la souris des réactions anaphylactiques peuvent survenir en l'absence d'IgE, grâce à la présence de récepteurs fonctionnels autre que les FcεRI impliqués dans les réactions d'hypersensibilité. Il s'agit de récepteurs à IgG: FcγRI, FcγRII (Oettgen et al., 1994 ; Castells, 1997) et plus particulièrement FcγRIII (Miyajima et al., 1997) présents sur les mastocytes.

Le mastocyte joue un rôle important dans la physiopathologie de l'inflammation gastro-intestinal (Nolte et al., 1990; Yu et Perdue, 2001). Une fois activés, les mastocytes peuvent libérer une variété de médiateurs dont l'histamine qui est considéré comme le plus important. L'histamine possède des effets directs et indirects sur le transport épithélial des ions. Elle augmente directement la sécrétion du chlore au niveau de la lignée cellulaire T-84 par un processus dépendant du calcium (Dharmsathaphorn et al., 1989). La liaison de l'histamine à son récepteur membranaire spécifique H1 entraîne l'élévation intracellulaire du Ca^{++} par activation des voies de turnover du phosphoinositol.

D'autre part nos résultats montrent également que l'interaction de l'antigène sensibilisant avec l'épithélium intestinal des animaux immunisés augmente significativement la conductance G des tissus. Et selon les travaux de Poonyachoti et Brown (2001), l'augmentation de la conductance produite par l'adjonction de la β-Lg ou le lactosérum n'est pas médiée par l'histamine. Il semblerait que cette augmentation de la conductance soit due à l'altération des jonctions serrées des cellules épithéliales. La libération de médiateurs par les mastocytes, autres que l'histamine, sont capables d'altérer la perméabilité intestinale par des mécanismes non neuronaux. L'IL-4, le TNF-α et l'INF-γ sont parmi les médiateurs impliqués dans ces effets.

Les résultats obtenus nous ont permis de constater que le modèle expérimental obtenu par sensibilisation des souris Balb/c par voie parentérale aux protéines du lait en présence de l'hydroxyde d'aluminium est un modèle valide pour tester l'allergénicité des laits traités aux micro-ondes et au rayonnement gamma. Les paramètres retenus pour la validation de ce modèle reposent sur la production des anticorps sériques (IgE et IgG1) spécifiques anti PLV mais aussi et surtout sur les réponses anaphylactiques suite à la stimulation, in vitro, de l'épithélium intestinal à l'antigène sensibilisant.

C'est à partir de là que nous avons pu mesurer l'allergénicité résiduelle des échantillons de lactosérums issus du lait traité aux micro-ondes ou aux rayons gamma grâce à ce modèle de souris Balb/c rendues allergiques.

Nos résultats montrent clairement que lorsqu'on expose en chambre de Ussing les fragments jéjunaux à l'action du lactosérum issu du lait traité aux micro-ondes à 700 watts pendant 10 minutes, les valeurs de l'Isc restent inchangées. Ceci laisse suggérer l'absence de réaction anaphylactique locale, probablement due à une diminution des propriétés allergéniques des protéines du lait par le traitement. En revanche, à 300 watts pendant 20 minutes, le lactosérum semble conserver son pouvoir allergénique du fait qu'il stimule fortement l'Isc en chambre de Ussing. Ces résultats vont dans le sens des travaux de Alvarez-Alvarez et al. (2005) qui montrent une diminution de l'allergéncité du lupin après chauffage aux micro-ondes à 700 watts pendant 25 minutes.

De même, les résultats obtenus avec le rayonnement gamma indiquent clairement que l'irradiation du lactosérum issu à 5 kGy n'entraîne aucun effet sur l'Isc des tissus de souris sensibilisées. En revanche, l'irradiation à 10 kGy des protéines de lactosérum augmente au contraire leur potentiel allergisant qui se traduit par une forte augmentation de l'Isc. A partir des résultats obtenus, il semblerait que le traitement aux rayons gamma diminue l'allergénicité des PLV lorsque la dose appliquée est de 5 kGy. Alors que ce même traitement semble augmenter fortement la réactivité des PLV à une dose de 10 kGy.

Nos résultats recoupent partiellement ceux obtenus par Zhenxing et al. (2007) qui ont montré que l'irradiation ne diminue la réactivité de la crevette que lorsque la dose appliquée atteint 15 kGy. Ces mêmes auteurs trouvent que l'immunoréactivité (allergénicité) sur le modèle de la crevette est difficile à modifier par l'irradiation.

L'altération des protéines suite à l'irradiation est catalysée par les radicaux libres formés aux cours de la radiolyse de l'eau. Selon Zhenxing et al. (2007), il est probable que la présence, dans l'aliment, d'autres ingrédients tels les lipides contribuent dans la protection de la protéine contre l'effet du traitement. De plus, de nouvelles protéines sont formées par interaction avec les acides aminés libres ou par formation d'agrégats protéiques. Avec les fortes doses, sont générés beaucoup plus de radicaux libres, entraînant des dommages plus importants.

Il est admis que l'allergénicité d'un aliment complexe est rarement, pour ne pas dire jamais, due à un constituant unique, mais au contraire, à un grand nombre de protéines elles-mêmes présentes parfois sous plusieurs isoformes (Wal, 2004). La structure globulaire, compacte avec plusieurs niveaux de repliements caractérisent de nombreux allergènes tels les protéines sériques du lait de vache. Cette structure est associée à des caractéristiques physico-chimiques comme la stabilité à la température, aux pH acides, à la résistance à la dégradation par les enzymes digestives.

Certains auteurs suggèrent la possibilité de prédire l'allergénicité d'une protéine à partir de ses propriétés structurales et physicochimiques (Astwood et al., 1996).

Cette démarche apparaît de plus en plus illusoire. Des protéines qui ont une structure lâche et/ou qui sont rapidement dégradées lors de la digestion, comme les caséines, ont un pouvoir allergénique tout aussi important que des protéines rigides et plus résistantes. Il est admis en outre, maintenant que des fragments peptidiques conservent une partie de l'allergénicité de la protéine entière et que la présence de celle-ci en quantité importante sous sa forme native n'est pas nécessaire pour déclencher une réaction allergique. La relation ou même la simple corrélation entre la résistance d'une protéine aux protéases in vitro et son allergénicité est maintenant de plus en plus contestée (Fu et al., 2002). Au contraire, il a été montré que beaucoup d'épitopes allergéniques sont situés dans des régions hydrophobes de la molécule protéique. Ils y sont naturellement masqués et ne deviennent biodisponibles pour l'interaction avec les anticorps qu'après libération lors de la digestion et la protéolyse de la protéine (Sanchez et Frémont, 2003).

Il semble que l'effet des traitements technologiques sur l'allergénicité de la protéine et sur l'aliment dans son entier est extrêmement variable. L'allergénicité peut être réduite dans des proportions importantes, sans que l'on sache toutefois si le seuil résiduel atteint est suffisamment bas pour ne pas provoquer des réactions allergiques chez des individus particulièrement sensibles. Elle peut rester inchangée, en effet, les fragments peptidiques correspondant aux épitopes linéaires se retrouvent après dénaturation et/ou dégradation partielle de la protéine. Elle peut être éventuellement augmentée par formation de néo-allergène, produits de la réaction de Maillard (Davis et Williams, 1998; Song et al., 2005).

Conclusion

Conclusion

Le travail présenté dans cette thèse a pour but d'évaluer les effets des micro-ondes et du rayonnement gamma sur l'antigénicité et l'allergénicité des protéines du lait de vache. Cette approche a été effectuée à partir d'un modèle animal de sensibilisation expérimentale aux protéines du lait de vache.

Dans la première partie de ce travail, nous nous sommes attachés à étudier une éventuelle modification de la composition du lait par suite de traitements aux micro-ondes et aux rayons gamma par une étude électrophorétique. Cette étude a permit de s'assurer de la présence ou non des principales protéines allergisantes avant et après traitement. Pour cela, l'électrophorèse sur gel de polyacrylamide a été utilisée. Les résultats obtenus montrent clairement que le traitement direct du lactosérum aux micro-ondes ne semble pas affecter les profils électrophorétiques de ses protéines. En revanche, ce même type de traitement entraîne une forte atténuation des bandes protéiques lorsqu'il est appliqué sur le lait. Par ailleurs, le rayonnement gamma ne semble pas modifier le lait sur le plan de la composition protéique.

Dans un deuxième temps, nous avons étudié une éventuelle modification de l'antigénicité des protéines du lait de vache par suite de traitements aux micro-ondes et aux rayons gamma. Cette étude a été réalisée par la mesure de leur réactivité vis-à-vis des anticorps de type IgG anti β-Lg et anti α-La produits chez le lapin, en utilisant une méthode immunoenzymaytique ELISA. Les résultats obtenus ont montré que le traitement aux micro-ondes diminue fortement la réactivité du lait lorsqu'il est appliqué à de faibles puissances (300 et 400 watts) et pendant des durées de traitement prolongées (15 et 20 minutes). De la même manière, un traitement micro-onde à des puissances élevées (600 et 700 watts) pendant 10 minutes diminue également la réactivité. Par ailleurs, le traitement au rayonnement gamma à 10 kGy semble augmenter la réactivité de la poudre de lait. Inversement, nos résultats n'ont rapporté aucun effet des rayons gamma sur la réactivité des autres échantillons vis-à-vis des IgG anti β-Lg et anti α-La.

Dans la deuxième partie de cette thèse, nous avons étudié une éventuelle modification de l'allergénicité du lait par suite de traitements aux micro-ondes et aux rayons gamma. Cette étude a été réalisée à l'aide de tests de provocation in vitro en chambre de Ussing sur des fragments jéjunaux du modèle d'allergie mis en place.

Dans un premier temps, nous nous sommes attachés à mettre en place un modèle animal d'APLV à partir de la souris Balb/c. Les paramètres retenus pour la validation du modèle d'allergie a reposé d'une part sur la nature et la qualité des anticorps sériques produits, mais également et surtout sur les réponses à des tests de provocation effectuées in vitro en chambre de Ussing. Les résultats obtenus ont révélé une réponse importante en anticorps sériques (IgG_t, IgG1, IgG2a et IgE) aussi bien chez les souris immunisées à la β-Lg que celles immunisées au lactosérum avec prédominance en IgG1 et IgE traduisant une réponse de type Th2.

Par ailleurs, nous avons étudié in vitro en chambre de Ussing la capacité des protéines sensibilisantes à interagir avec la muqueuse intestinale des souris sensibilisées aux protéines du lait de vache. L'addition de la β-Lg ou du lactosérum dans le versant séreux a entraîné la stimulation du courant de court circuit, traduisant une réaction anaphylactique locale. Ce phénomène semble être spécifique au seul antigène sensibilisant et paraît être important d'un point de vue immunologique. Nous avons voulu ensuite connaître les mécanismes impliqués dans cette variation du courant de court-circuit induite sous l'effet du furosémide dont l'action nous a renseignée sur la nature de la variation de l'Isc qui s'est avéré un courant de chlorures.

Les résultats obtenus nous ont permis de conclure que la souris Balb/c est un bon modèle d'anaphylaxie.

Dans un deuxième temps, nous avons mesuré l'allergénicité résiduelle des échantillons de lactosérums issus du lait traité aux micro-ondes ou aux rayons gamma grâce au modèle de souris rendues allergiques. Les résultats obtenus ont montré que le traitement aux micro-ondes à 700 watts pendant 10 minutes diminue l'allergénicité des protéines du lactosérum. De même, le traitement au rayonnement gamma à 5 kGy testé sur le modèle de souris immunisées à la β-Lg. Ceci a permi de suggérer que l'effet sur l'allergénicité est fonction de la durée et l'intensité du traitement.

Les perspectives d'orientation de ce travail pourraient être multiples tant sur le plan de la modification de l'allergénicité des PLV que sur le plan de la mise en place d'un modèle animal d'allergie. Ainsi, l'effet positif de traitement micro-onde et aux rayons gamma pourrait être obtenu en combinant ces traitements avec d'autres traitements tels l'hydrolyse enzymatique, la haute pression, l'homogénéisation et le pH. En outre, un modèle de souris sensibilisée par voie orale (voie naturelle) pourrait être mise en place. Cette voie permet en effet, d'obtenir un modèle d'allergie plus fiable et extrapolable à l'homme.

Références bibliographiques

Références bibliographiques

AAP (American Academy of Pediatrics).- Work group on breastfeeding: Breastfeeding and the use of human milk. Pediatrics, 1997; 100: 1035-1039.

Aattouri N, Bouras M, Tome D, Marcos A, Lemonnier D.- Oral ingestion of lactic-acid bacteria by rats increases lymphocytes proliferation and interferon-γ-production. The British journal of Nutrition, 2002 ; 87: 367-373.

Adams SL, Barnett D, Walash BJ, Pearce RJ, Hill DJ, Howden ME.- Human binding synthetic peptide of bovine β-lactoglobulin and α-lactalbumin. In vitro cross-reactivity of the allergens. Immunology, 1991; 69: 191-197.

Adams RB, Planchon SM, Roche JK.- INF-gamma modulation of epithelial barrier function. Time course, reversibility, and site of cytokine binding. J Immunol, 1993; 150: 2356-2363.

Addou S, Tomé D, Khéroua O, Saïdi D.- Parenteral immunization to β-lactoglobulin modifies the intestinal structure and mucosal electrical parameters in rabbit. International Immunopharmacology, 2004; 4: 1559-1563.

Adel-Patient K, Créminon C, Bernard H, Clément G, Négroni L, Frobert Y, Grassi J, Wal JM, Chatel JM.- Evaluation of a high IgE responder mouse model of allergy to bovine β-lactoglobulin (β-Lg): development of sandwich immunoassay for total and allergen-specific IgE, IgG1 and IgG2a in β-Lg-sensitized mice. Journal of Immunological Methods, 2000; 235: 21-32.

Ahmed T, Fuchs GJ.- Gastrointestinal allergy to food: a review. J Diarrhoeal Dis Res, 1997; 15: 211-223.

Ainsworth MA, Hogan DL, Rapier RC, Amelsberg M, Dreilinger AD, Isenberg JI.- Acid/base transporters in human duodenal enterocytes. Scand J Gastroenterol, 1998; 33: 1039-1046.

Allez M, Mayer L.- Regulatory T cells: Peace keeper in the gut: Inflamm Bowel Dis, 2004; 10: 666-676.

Allison T, Winter CC, Fournie JJ, Bonneville M, Garboczi DN.- Structure of human gamma delta T cell antigen receptor. Nature, 2001; 411: 820-824.

Alvarez-Alvarez J, Guillamon E, Crespo JF, Cuadrado C, Burbano C, Rodriguez J, Fernandez C; Muzquiz M.- Effects of extrusion, boiling, autoclaving and microwave heating on lupine allergenicity.J Agric Food Chem, 2005; 53: 1294-1298.

Amiot J, Fournier S, Lebeuf Y, Paquin P, Simpson R.- Composition, propriétés physico-chimiques, valeur nutritive, qualité technologique et techniques d'analyse du lai. In: Vignola CL. Sciences et technologie du lait : transformation du lait. Ecole polytechniqueédition, Montréal, 2002; 5-17.

Anderson PJ, Brooks CL, Berliner LJ.- Functional identification of calcium binding residues in bovine α-lactalbumin. Biochemistry, 1997; 36: 11648-11654.

André C.- L'allergie alimentaire, de la clinique aux recommandations. Dossier scientifique de l'IFN, 1994; 4: 3-7.

Anema SG, Li Y.- Association of denatured whey proteins with casein micelles in heatde reconstituted skim milk and its effect on casein micelle seize. Journal of Dairy Research, 2003a; 70: 73-83.

Anema SG, Li Y.- Effect of pH on the association of denatured whey proteins with casein micelles in heated reconstituted skim milk. Journal of Agricultural and Food Chemistry, 2003b 51; 1640-1646.

Anema SG, Lowe EK, Li Y.- Effect of pH on the viscosity of heated reconstituted skim milk. International Dairy Journal, 2004; 14: 541-548.

Arshad SH.- Primary prevention of asthma and allergy. J Allergy Clin Immunol, 2005; 116: 3-14.

Asselin J, Hebert J, Amiot J.- Effect of in vitro proteolysis on the allergenicity of major whey proteins. Journal of Food Science, 1989; 54: 1037-1039.

Assemand E, Lacroix M, Mateescu MA.- L-Tyrosine prevents aggregation of therapeutic protein by γ-radiation. Biotechnol Appl Biochem, 2003; 38: 151-156.

Astwood JD, Leach JN, Fuchs RL.- stability of food allergens to digestion in vitro. Nature Biotechnology, 1996; 14: 1269-1273.

Atsushi N, Kazuhiko W, Takao O, Dong AH, Hiroki S.- Effect of Maillard reaction on allergenicity of scallop tropomyosin. Journal of Agriculture and Food Chemistry, 2005; 53: 7559-7564.

Audette M, Chen X, Houée-Levain C, Potier M, Le Maire M.- Protein γ-radiolysis in frozen solutions is a macromolecular surface phenomenon: fragmentation of lysosyme, citrate synthase and α-lactalbumin or denatured states. Int J Radiat Biol, 2000; 76: 673-681.

Backhed F, Hornef M.- Toll-like receptor 4-mediated signalling by epithelial surfaces: necessity or threat? Microbs Infect, 2003; 5: 951-959.

Ball G, Shelton MJ, Walash BJ, Hill DJ, Hosking CS, Howden MEH.- A major continuous epitopes of bovine β-lactoglobulin recognized by human IgE binding. Clinical and experimental Allergy, 1994; 24: 758-764.

Baumgart DC, Dignass AU.- Intestinal barrier function. Current Opinion in Clinical Nutrition and Metabolic Care, 2002; 6: 685-694.

Baumy JJ, Brulé G.- Binding of cation to α-lactalbumin and β-lactoglobulin: effect of pH and ionique strength. Le Lait, 1988; 68: 33-48.

Beagley KW, Husband AJ.- Intraepithelial lymphocytes: Origins, distribution and function. Crit Rev Immunol, 1998; 18: 237-254.

Berin M, Kiliaan AJ, Yang PC, Groot JA, Taminiau JA, Perdue MH.- Rapid transepithelial antigen transport in rat jejunum: impact of sensitization and hypersensitivity reaction. Gastroenterology, 1997; 113: 856-864.

Berin M, Kiliaan AJ, Yang PC, Groot JA, Kitamura Y, Perdue MH.- The influence of the mast cells on pathways of transepithelial antigen transport in rat intestine. J Immunol, 1998; 161: 2561-2566.

Besler M, Steinhart H, Paschke A.- Stability of food allergens and allergenicity of processed foods. Journal of Chromatography B, Biomedical Sciences and Applications, 2001; 25: 207-228.

Bevilacqua C, Montagnac G, Benmerah A, Candalh C, Brousse N, Cerf-Bensussan N et al.- Food allergens are protected from degradation during CD-23 mediated transepithelial transport. Int Arch Allergy Immunol, 2004; 135: 108-116.

Bikker JF, Anema SG, Li Y, Hill JP.- Thermal denaturation of β-lactoglobulin A, B and C in heated skim milk. Milchwissenschaft, 2000; 55: 609-613.

Bilsborough J, Viney JL.- Gatrointestinal dendritic cells play a role in immunity, tolerance and disease. Gastroenterology, 2004; 127: 300-309.

Bischoff SC, Sellge G, Lorentz A, Sebald W, Raab R, Manns MP.- IL-4 enhances proliferation and mediator release in mature human mast cells. Proc Natl Acad Sci USA, 1999; 96: 8080-8085.

Blumberg RS, Lencer WI, Zhu X, Kim HS, Claypool S; Balk SP et al.- Antigen presentation by intestinal epithelial cells. Immunol Letts, 1999; 69: 7-11.

Boehm G, Jakobsson I, Mansson M, Raiha NC.- Macromolecular absorption in small-for gestational-age infants. Acta Peadiatr, 1992; 81: 864-867.

Bohr H, Bohr J.- Microwave enhanced kinetics observed in ORD studies of a protein. Bioelectromagnetics, 2000; 21; 68-72.

Bohle B.- T lymphocytes and food allergy. Mol Nutr Food Res, 2004; 48: 424-433

Bos C, Gaudichon C, Tomé D.- Nutritional and physiological criteria in the assessement of milk protein quality for human. Journal of American College of Nutrition, 2000; 19: 191-205.

Botturi K, Magnan A.- L'histamine, une nouvelle cytokine du lymphocyte T? Revue Française d'Allergologie et d'Immunologie Clinique, 2006; 46: 640-647.

Boudraa G, Benbouabdellah M, Mansour F, Boukhrelda M, Touhami M.- L'intolérance aux protéines du lait de vache. Analyse du recrutement d'un service de pédiatrie d'Oran. In: Mahmoud Touhami et Jehan-François Desjeux éditeurs. Alimentation, génétique et santé de l'enfant. L'Harmattan, Paris; 1994: pp97-102.

Bousquet J, Kjellman NI.- Predictive value of tests in childhood allergy. J Allergy Clin Immunol, 1986; 78: 1019-1022.

Brachet P, Chanson A, Demigne C, Batifoulier F, Alexandre-Gouabau MC, Tyssandier V et al.- Age-associated B vitamin deficiency as a determinant of chronic disease. Nutrition Research Reviews, 2004; 17: 55-68.

Brandtzaeg P.- History of oral tolerance and mucosal immunity. Annals of the New York Academy of Sciences, 1996; 778: 21-27.

Brandtzaeg P, Farstad IN, Haraldsen G.- Regional specialization in the mucosal immune system: Primed cells do not always home along the same track. Immunol Today, 1999; 20: 267-277.

Brandtzaeg P.- Current understanding of gastrointestinal immunoregulation and its relation to food allergy . Annal of NewYork Academy of Sciences, 2002; 964: 13-45.

Brew K, Grobler JA.- α-lactalbumin. Advanced Dairy Chemistry, vol 1. PF Fox (Ed), Elsevier Applied Science, New York, 1992; 191-229.

Britton W. Hypersensitivity – Type IV. Eds Roit I, Brostoff J, Male D. Immunology. 6th ed. London: Mosby, 2002: pp 371-383.

Brownlow S, Cabral JHM, Cooper R, Flower DR, Yewdall SJ, Polikarpov I, North ACT, Sawyer L.- Bovine β-lactoglobulin at 1,8 A° resolution-still an enigmatic lipocalin. Structure, 1997; 5: 481-495.

Breiteneder H, Mills ENC.- Molecular properties of food allergens. Journal of Allergy and Clinical immunology, 2005; 115: 14-23.

Buhner S, Reese I, Kuehl F, Lochs H, Zuberbier T.- Pseudoallergic reactions in chronic urticaria are associated with altered gastroduodenal permeability. Allergy, 2004; 59: 1118-1123.

Byum MW, Kim JH, Lee JW, Park JW, Hong CS, Kang IJ.- Effects of gamma irradiation on the conformational and antigenic properties of heat stable major allergen in brown shrimp. Journal of Food Protection, 2000; 63: 940-944.

Byum MW, Lee JW.- Application of gamma irradiation for inhibition of food allergy. Radiation Physics and chemistry, 2002; 63: 369-370.

Calderaro V, Giovane A, De Simone B, et al.- Arachidonic acid metabolites and chloride secretion in rabbit distal colonic mucosa. Am J Physiol , 1991; 261: 443-450.

CAC (Codex Alimentaire Commission).- Codex general standard for irradiated foods. CODEX STAN, 2003; 106-1983. Rev 1-2003.

Calvo M, Gomez R.- Peptides profile, molecular mass distribution and immunological properties of commercial hypoallergenic infant formulas. Milchwissenschaft, 2002; 57: 187-190.

Campbell N, Yio XY, SO LP, Li Y, Mayer L.- The intestinal epithelial cell: processing and presentation of antigen to the mucosal immune system. Immunol Rev, 1999; 172: 315-324.

Carmosino M, Procino G, Nicchia GP, Mannucci R, Verbavatz JM, Gobin R, Svelto M, Valenti G.- Histamine treatment induces rearrangements of orthogonal arrays of particles (OAPs) in human AQP4-expressing gastric cells. J cells Biol, 2001; 154: 1235-1243.

Castells M.- Update on mast cells and mast cell precursors and hypersensitivity responses. Allergy Asthma Proc, 1997; 18: 287-292.

Catassi C, Bonucci A, Coppa GV, Carlucci A, Giorgi PL.- Intestinal permeability changes during the first month: effect of natural versus artificial feeding. J Pediatr Gastroenterol Nutr, 1995; 21: 383-386.

Cavaillon JM et al.- CD14/LPS receptors exhibits lectin-like properties. Journal of Endotoxin Research, 1996; 3: 471-480.

Cerf-Bensussan N, Jarry A, Brousse N, Guy-Grand D.- Système immunitaire associé à l'intestin. Editions Techniques - Encycl. Med Chir (Paris-France), Gastroenterologie, 1991; 9000 B^{30}: 10p.

Chamberlain P.- Immunogenicity of therapeutic proteins. Part 1: Causes and clinical manifestations of immunogenicity. The Regulatory Review, 2002; 5: 4-9.

Chandra RK, Shakunta P, Hamed A.- Influence of maternal diet during lactation and use of formulas feeds on development of atopic eczema in high risk infants. British Medical Journal, 1989; 299: 228-230.

Chandra RK.- Five year fellow-up of high risk infants with family history of allergy who were exclusively breast-fed or fed partial whey hydrolysate, soy and conventional cow's milk formulas. J Pediatr Gastroenterol Nutr, 1997; 24: 442-446.

Chang E, Rao MC.- Intestinal water and electrolyte transport. Mechanisms of physiological and adaptative responses. In Physiology of the gastrointestinal tract (Johnson, LR., ed.) Raven Press, New York, 1994; pp 2040-2043.

Chehade M, Mayer L.- Oral tolerance and its relation to food hypersensitivities. J Allergy Clin Immunol, 2005; 115: 3-12.

Chen YH, Inobe JF, Marks R, Gonnella P, Kuchroo VK, Weiner HL.- Peripheral deletion of antigen- reactive T cells in oral tolerance. Nature, 1995; 376: 177-180.

Cheroutre H.- Starting at the beginning: New perspectives on the biology of mucosal cells. Annu Rev Immunol, 2004; 22: 217-246.

Choi HK, Vasavada PC, Marth EH.- Inactivation of milk born pathogens with microwave energy. J Dairy Sci, 1992; 75: 130

Choi HK, Marth EH, Vasavada PC.- Use of microwave energy to inactivate Yersinia entero-colitica and Campilobacter jejuni in milk. Milchwissenschaft, 1993; 48: 134-136.

Chrysina ED, Brew K, Acharya KR.- Crystal structure of apo and holo-bovine α-lactalbumin at 2,2 A° resolution reveal an effect of calcium inter-lobe-interactions. Journal of Biological Chemistry, 2000; 275: 37021-37029.

Chung HL, Hwang JB, Park JJ, Kim SG.- Expression of transforming growth factor bata1, transforming growth factor type I and II receptors and TNF-alpha in the mucosa of the small intestine in infants with food protein-induced enterocolitis syndrome. J Allergy Clin Immunol, 2002; 109: 150-154.

Cieśla K, Roos Y, Gluszewski W.- Denaturation processes in gamma irradiated proteins studied by differential scanning calorimetry. Radiation Physics and Chemistry, 2000; 58: 233-243.

Clare DA, Swaisgood HE.- Bioactive peptides: a prospectus. Journal of Dairy Science, 2000; 83: 1187-1195.

Clark MA, Jepson MA.- Intestinal M cells and their role in bacterial infection. Int J Med Microbiol, 2003; 293: 17-39.

Clemente A.- Enzymatic protein hydrolysates in human nutrition. Trends in Food Science and Technology, 2000; 11: 254-262.

Coeffier E, Joseph D, Vagaftig BB.- Activation of guinea pig eosinophils by human recombinant IL-5. Selective priming to platelet-activating factor-acether and interference of its antagonists. J Immunol, 1991; 147: 2595-2602.

Coffman RL, Carty J.- A T cell activity that enhances polyclonal IgE production and its inhibition by interferon-g. Scandinavian Journal of Immunology, 1990; 20: 243-251.

Comerford I, Nibbs RJ.- Post-translational control of chemokines: a role for decoy receptors. Immunology Letters, 2005; 96: 163-174.

Coombs RRA, Gell PGH.- Classification of allergic reactions responsible for clinical hypersensitivity and disease. In: Coombs RAA, Gell PGH, eds. Clinical aspects of immunology. Oxford: Blackwell Scientific Publications, 1975.

Creamer LK, Parry DAD, Malcon GN.- Secondary structure of bovine β-lactoglobulin B. Arch Biochem Biophys, 1983; 227: 98-105.

Crowe SE, Soda K, Stanisz AM, Perdue MH.- Intestinal permeability in allergic rats: nerve involvement in antigen-induced changes. Am J Physiol, 1993; 264: 617-623.

Davies KJA, Delsignore ME.- Protein damage and degradation by oxygen radicals III: Modification in secondary structure and tertiary structure. J Biol Chem, 1987; 262: 9908-9913.

Davis PJ, Williams SC.- Protein modification by thermal processing modify the antigenicity of protein. Allergy, 1998; 53: 102-105.

Davis PJ, Smales CM, James DC.- How thermal processing modify the antigenicity of proteins. Allergy, 2001; 56: 56-60.

Dearman RJ, Kimber I.- Determination of protein allergenicity: studies in mice. Toxicol Lett, 2001; 120: 181-186.

De Wit JN.- Structure and functional behaviour of whey proteins. Netherlands Milk and Dairy Journal, 1981; 35: 47-64.

Dharmsathaphorn K, Cohn J, Beurlein G.- Multiple calcium-mediated effector mechanisms regulate chloride secretory responses in T-84 cells. Am J Physiol, 1989; 256: C1224.

Diamond JM.- Transcellular cross-talk between epithelial cell membranes. Nature, 1982; 300: 683-685

Docena G, Rozenfeld P, Fernandez R, Fossati CA.- Evaluation of the residual antigenicity of cow's milk substitutes by in vitro tests. Allergy, 2002; 57: 83-91.

Dupont C, Molkhou P.- Allergènes alimentaires. Impact Médecin, 2000; 494: 4-9.

Dupont C, De Boissieu D.- Formula feeding during cow's milk allergy. Minerva Pediatr, 2003; 55: 209-213.

Dufour E.- Minéraux et produits laitiers. Lavoisier (Eds); Edition TEC et DOC; Paris, 2004; 151-177.

Dyson N.- The regulation of E2F by pRB-family proteins. Genes Dev, 1998; 12: 2245-2262.

Edwards PJB, Jameson GB, Palmano KP, Creamer LK et al.- Heat-resistant structural feature of bovine β-lactoglobulin A revealed by NMR H/D exchange observations. International Dairy Journal, 2002; 12: 331-344.

El Biaze M, Boniface S, Koscher V, Mamessier E, Dupuy P, Milhe F, et al.- T cell activation, from atopy to asthma : more a paradox than a paradigm. Allergy, 2003; 58: 844-853.

FAD (Food and Drug Administration).-Irradiation in the production, processing and handling of food. Fed Regist, 1997; 62: 64107-64121.

FAO.- Le lait et les produits laitiers dans la nutrition humaine. Collection FAO : Alimentation et Nutrition N° 28, David Lubin FAO, Rome, 1995; 19 : 36p

Farkas J.- Irradiation for better foods. Trends in Foods Science and Technology, 2006; 17: 148-152.

Faure GC Morisset M, Gobert B, Guerin C, Pedone C, Bouley C, Bene MC.- Specific IgA to lactic acid bacteria in faeces of children consuming milk fermented by yoghurt symbiosis and lactobacillus casei (Danone strain DN 114 001). Advances in Experimental Medicine and Biology, 2001; 501: 385-389.

Fergusson DM, Horwood LJ, Shannon FT.- Early solid feeding and recurrent childhood eczema: a 10-year longitudinal study. Pediatrics, 1990; 86: 541-546.

Ferraris RP, Lee PP, Diamond JM.- Origin of regional and species differences in intestinal glucose uptake. Am J Physiol, 1989; 257: 689-697.

Ferrier L, Mazelin L, Cenac N, Desreumaux P, Janin A, Emilie D, Colombel JF, Garcia-Villar, Fioramonti J, Bueno L.- Stress-induced disruption of colonic epithelial barrier: role of interferon-gamma and myosin light chain kinase in mice. Gastroenterology, 2003; 125: 795-804.

Field M.- Intestinal ion transport and the pathophysiology of diarrhea. J Clin Invest, 2003; 111: 931-943.

Finot PA.- Effets du traitement par les micro-ondes sur la qualité nutritionnelle des aliments. Cah Nutr Diét, 1996; 31: 239-246.

Fox PF, McSweeney PLH.- Physical properties of milk. In: Dairy Chemistry and Biohemistry. Blackie Academic and Professional, London, 1998; pp437-462.

Fremont S, Kanny G, Bieber S, Nicolas JP, Moneret-Vautrin DA.- Identification of masked allergen, alpha-lactalbumin, in baby-food cereal flour guaranteed free for cow's milk protein. Allergy, 1996; 51: 749-754.

Fritsché R, Pahud JJ, Pecquet S, Pfeifer A.- Induction of systemic immunologic tolerance to beta-lactoglobulin by oral administration of a whey protein hydrolysate. J Allergy Clin Immunol, 1997; 100: 266-273.

Fritsché R.- Animal model in food allergy: assessment of allergenicity and preventive activity in infant formulas. Toxicology Letters, 2003; 140/141:303-309.

Frossard CP, Hauser C, Eigenmann PA.- Oral carrageenan induces antigen-dependent oral tolerance of anaphylaxis and induction of lymphocyte anergy in a murine model of food allergy. Pediatr Res, 2001; 49: 417-422.

Frossi B, De Carli M, Pucillo C.- The mast cell: an antenna of the microenvironment that directs the immune response. J Leukoc Biol, 2004; 75: 579-585.

Fu TJ, Abbott UR, Hatzos C.- Digestibility of food allergens and non allergenic proteins in stimulated intestinal fluid – a comparative study. J Agric Food Chem, 2002; 50: 7154-7160.

Gaber MH.- effect of g-irradiation on the molecular properties of bovine serum albumin. Journal of Bioscience and Bioengineering, 2005; 100: 203-206.

Gaucheron F.- The mineral of milk. Reproduction Nutrition and development, 2005; 45: 473-483.

Gaudichon C.- Evaluation de la valeur nutritionnelle des protéines de lait. In : Les protéines laitières. Intérêts technologiques et nutritionnels, 4ème conférence européenne d'arilait, Arilait Recherche, Paris, 2000 : pp 64-69.

Geha RS, Jabara HH, Brodeur SR.- The regulation of immunoglobulin E class-switch recombination. Nat Rev Immunol, 2003; 3: 721-732.

Gjesing B, Osterballe O, Schwartz B, Wahn U, Loweinstein H.- Allergen specific IgE antibodies against antigenic components in cow milk and milk substitutes. Allergy, 1986; 41: 51-56.

Gleich GJ, Adolphson CR-. The eosinophilic leukocyte: structure and function. Adv Immunol,1989; 39: 177-253.

Goulet O.- Utilisation des formules à charge antigénique réduite. Arch Pédiatr, 2000; 7: 302-306.

Griffiths-Jonhnson DA Collins PD, Rossi AG, Jose PJ, Williams TJ.- The chemokine, eotaxin, activates guinea-pig eosinophils in vitro and causes their accumulation into the lung in vivo. Biochem Biophys Res Commun, 1993; 197: 1167-1172.

Griswold RC.- Guidelines concerning use of polyclonal antibodies generation/production. State University of New York, 2002.

Grönlund MM, Isolauri E, Arvilommi H, Kero P, Lehtonen OP. Intestinal colonisation has an important impact on the maturation of humoral immunity in early infancy – a prospective follow-up study of healthy infants aged 0-6 months. Arch Dis Child, 2000.

Grubb BR.- Ion transport across the murine intestine in the absence and presence of CFTR. Comp Biochem Physiol, 1997; 118A: 277-282.

Gumbiner B.- Structure, biochemistry and assembly of epithelial tight junctions. Am J Physiol, 1987; 253: 749-758.

Habold C.- Mécanisme cellulaire et moléculaire de l'absorption intestinale au cours du jeune et après réalimentation. Thèse de Doctorat en Sciences du vivant, Université Louis Pasteur Strasbourg I, 2004; 198p.

Hambling SG, Mc Alpine AS, Sawyer L.- Milk proteins: molecular, physical, chemical and biological aspect in: Advanced Dairy Chemistry-1 Fox PF (Eds) Elsevier Applied Science: New York, 1992

Haurer AC, Breese EJ, Walker-Smith JA, MacDonald TT.- The frequency of cells secreting interferon-gamma and interleukin-4, -5 and -10 in the blood and duodenal mucosa of children with cow milk's hypersensitivity. Pediatr Res, 1997; 42: 629-638.

Hay F, Westwood OMR.- Hypersensitivity type III. Eds Roit I, Brostoff J, Male D. Immunology 6th ed, London: Mosby, 2002: p357-369.

Hayashi T.- Comparative effectiveness of gamma rays and electron beams in food irradiation. In: Food irradiation. Applied Food Sciences series. Elsevier (ed). London and New York, 1991; pp169-191.

Healy JI, Goodnow CC.- Positive versus negative signalling by lymphocytes antigen receptors. Annu Rev Immunol, 1998; 16: 645-670.

Hefle SL, Nordlee JA, Taylor SL.- Allergenic foods. Crit Rev Fd Sci Nutr, 1996; 36: 69-89.

Helm RM, Ermel RW, Frick OL.- Nonmurine animal models of food allergy. Environ Health Perspect, 2003; 111: 239-244.

Hermann ME, Dannemann A, Gruters A, Radisch B, Dudenhausen JW, Bergman R et al.- Prospective study of the atopy preventive effect of maternal avoidance of milk and eggs during pregnancy and lactation. Eur J Pediatr, 1996; 155: 770-774.

Hernandez-Ledesma B, Ramos M, Recio I, Amigo L.- Effect of β-lactoglobulin hydrolysis with thermolysin under denaturing temperature on the release of bioactive peptides. Journal of Chromatography A, 2006; 31: 31-37.

Heyman M, Boudraa G, Sarrut S, Giraud M, Evans L, Touhami M, Desjeux JF.- Macromolecular transport in jejunal mucosa of children with severe malnutrition: a quantitative study. J Pediatr Gastroenterol Nutr, 1984; 3: 357-363.

Heyman M, Desjeux JF.- Cytokine induced alteration of the epithelial barrier to food antigens in disease. Annals of the New York Academy of Sciences, 2000; 915: 304-311.

Higgins JM, Mandlebrot DA, Shaw SK, Russell GJ, Murphy EA, Chen YT, Nelson WJ, Parker CM, Brenner MB.- Direct and regulated interaction of integrin alpha-beta 7 with E-cadherin. The Journal of Cell Biology, 1998; 1: 197-210.

Holm NW, Berry RJ.- Manual on Radiation Dosimetry. Dekker, New York (Ed), 1970.

Holt C, Horne DS.- The hairy casein micelle: Evolution of the concept and its implications for dairy technology. Netherlands Milk and Dairy Journal, 1996; 50: 85-111

Horton B.- The whey processing industry – into the 21st century. In: Whey. Special Issue 9804; International Dairy Federation, Brussels; 1998: pp 12-25.

Host A, Halken S. A prospective study of cow milk allergy in Danish infants during the first years of life. Clinical course in relation to Clinical and immunological type of hypersensitivity reaction. Allergy, 1990; 8: 587-596.

Host A, Koletzko B, Dreborg S, Muraro A, Wahn U, Aggett P, Bresson JL, Hernell O, Lafeber H, Michaelson KF, Micheli JL, Rigo J, Weaver L, Heymans H, Strobel S, Vandenplas Y.- Dietary products used in infants for treatment and prevention of food allergy. Arch Dis Child, 1999; 81: 80-84.

Host A.- Frequency of cow's milk allergy in childhood. Ann Allergy Asthma Immunol, 2002; 89: 33-37.

Huet F, Lachambre E, Beck L, Van Egroo LD, Sznajder M.- Evaluation d'une préparation pour nourrissons à teneur réduite en protéines et enrichie en probiotiques, en relais de l'allaitement maternel. Archive de Pédiatrie, 2006; 13: 1309-1315.

IGGF. Rapport de l'IGGF: International Consultative Group on Food Irradiation (set of 14 fact covering all aspects of food irradiation issued as public information). IGGF Fact Series, IAEA, Vienna, 1991: 1-14.

Isolauri E, Turjanmaa K.- Combined skin prick patch testing enhances identification of food allergy in infants with atopic dermatitis. J Allergy Clin Immunol, 1996; 97: 9-15.

Isolauri E.- Cow's milk allergy. Environmental Toxicology and Pharmacology, 1997; 4: 137-141.

Isolauri E, Tahvanainen A, Peltola T, Arvola T.- Breast feeding of allergic infants. J Pediatr, 1999; 134: 27-32.

Isolauri E.- Quel lait pour l'atopique? Rev Fr Allergol Immunol Clin, 2000; 40 : 695-698.

Ito K, Inagaki K, Murosaki S, Nishimura H, Shimokata T, Torii S.- Murine model of IgE production with a predominant Th2-response by feeding protein antigen without adjuvants. Eur J Immunol, 1997; 27: 3427-3437.

Jalonen T.- Identical intestinal permeability changes in children with different clinical manifestations of cow's milk allergy. J Allergy Clin Immunol, 1991; 88: 737-742.

Jedrychowski L, Wroblewska B.- Reduction of whey proteins by lactic acid fermentation. Food Agriculture Immunology, 1999; 11: 91-99.

Jensen RG.- The composition of bovine milk lipids : January 1995 to December 2000. Journal of Dairy Science, 2002; 85: 295-350.

Johansson SG, Bieber T, Dahl R, Fiedmann PS, Lanier BQ, Lockey RF, Motala C, Ortega Martell JA, Platts-Mills TA, Ring J, Thien F, Van Cauwenberge P, Williams HC.- Revised nomenclature of allergy for global use: Report of the Nomenclature Review Committee of the World Allergy Organisation. J Allergy Clin Immunol, 2004; 113: 832-836.

Jose PJ, Griffiths-Johnson DA, Collins PD, Walsh DT, Moqbel R, Totty NF et al.- Eotaxin: a potent eosinophil chemoattractant cytokine detected in guinea-pig model of allergic airwaiys inflammation. J Exp Med, 1994; 179: 881-887.

Ju HR, Matsuura I, Yamada K, Sugano M, Imaizumi K.- Systemic release of mucosal mast cell protease in primed Brown Norway rats after feeding with β-lactoglobulin. Biosci Biotech Biochem, 1995; 59: 771-775.

Jutel M, Watanabe T, Klunker S, Akdis M, Thomet OA, Malolepszy J et al.-Histamine regulates T-cell and antibody responses by differential expression of H1 and H2 receptors. Nature, 2001; 413: 420-425.

Jutel M, Akdis M, Budak F, Aebischer-Casaulta C, Wrzyszcz M, Blaser K, Akdis CA.- IL-10 and TGF-β cooperate in the regulatory T cell responses to mucosal allergens in normal immunity and specific immunotherapy. Eur J Immunol, 2003; 33: 1205-1214.

Kalach N, Rocchiccioli F, de Boissieu D, Benhamou PH, Dupont C.- Intestinal permeability in children : variation with age and reliability in the diagnosis of cow's milk allergy. Acta Pediatr, 2001; 90: 499-504.

Kalliomäki M, Salminen S, Arvilommi H, Kero P, Koskinen P, Isolauri E.- Probiotics in primary prevention of atopic disease: a randomized placebo-controlled trial. Lancet, 2001; 357: 1076-1079.

Kananen A, Savolainen J, Makinen J, Perttila E, Mullykoski I, Pihlanto-Leppala A.- Influence of chemical modification of whey protein conformation on hydrolysis with pepsin and trypsin. International Dairy Journal, 2000; 10: 691-697.

Kapp JA, Ke Y.- The role gamma delta TCR-bearing T cells in oral tolerance. Res Immunol, 1997; 148: 561-567.

Kato C, Sato K, Eishi Y, Nakamura K.- The influence of initial exposure timing to beta-lactoglobulin on tolerance induction. J Allergy Clin Immunol, 1999; 104: 870-878.

Kawakami T, Galli SJ.- Regulation of mast cell and basophil function and survival by IgE. Nat Rev Immunol, 2002; 2: 773-786.

Kay AB.- Allergy and allergic diseases (First of two parts). N Engl J Med, 2001; 344: 30-37.

Ke Y, Pearce K, Lake JP, Zeigler HK, Kapp JA.- Gamma delta T lymphocytes regulate the induction and maintenance of oral tolerance. J Immunol, 1997; 158: 3610-3618.

Kempner ES.- Effect of high-energy electrons and gamma rays directly on proteins molecules. Journal of Pharmaceutical Sciences, 2001; 90:1637-1646.

Kidd P.- Th1/Th2 balance: the hypothesis, its limitations and implications for health and disease. Alternative Medicine review, 2003; 8: 223-246.

Kitagawa S, Zhang S, Harari Y, Castro GA.- Relative allergenicity of cow's milk and cow's milk-based formulas in animal model. Am J Med Sci, 1995; 310: 183-187.

Kleber N, Maier S, Hinrichs J.- Antigenic response of bovine β-lactoglobulin influenced by high ultra pressure treatment and temperature. Innovative Food Science and Emerging Technology, 2007; 8: 39-45.

Kokkonen J, Holm K, Kartunen TJ, Maki M.- Children with untreated food allergy express a relative increment in the density of duodenal gamma delta$^+$ T cells. Scand J Gastroenterol, 2000; 35: 1137-1142.

Kokkonen J, Haapalahti M, Laurila K, Karttunen TJ, Mäki M.- Cow's milk protein-sensitive enteropathy at school age. J Pediatr, 2001; 139: 797-803.

Koppelman SJ, Bruijnzeel-Koomen CAFM, Hessing M, De Jongh HHJ.- Heat- induced conformational changes of Ara h1, a major peanut allergen, do not affect its allergenic properties. J Biol Chem, 1999; 274: 4770-4777.

Korhonen H, Pihlanto A.- Bioactive peptides: production and functionality. International Dairy Journal, 2006; 16: 945-960.

Kramer MS.- Maternal antigen avoidance during pregnancy for preventing atopic disease in infants of women at high risk. Cochrane Database Syst Rev, 2000; 2: CD000133.

Kuitunen M, Savilahti E.- Gut permeability to human alpha-lactalbumin, beta-lactoglobulin, mannitol and lactulose in celiac-disease. J Pediatr Gastroenterol Nutr, 1996; 22: 197-204.

Kuitunen M, Saukkonen T, Ilonen J, Akerblom HK, Savilahti E.- Intestinal permeability to mannitol and lactulose in children with type 1 diabetes with HLA-DQ1*02 allele. Autoimmunity, 2002; 35: 365-368.

Kume T, Ishii T, Matsuda T.- immunochemical identification of irradiated chicken eggs. J Sci Food Agric, 1994; 65: 1-4

Lacroix JP.- Description et spécificité d'un centre d'ionisation au cobalt. Dans: Ionisation des produits alimentaires. Collection Science et techniques agroalimentaires. Apria Lavoisier, Tec et Doc (Eds), 1991; pp255-265.

Lahn M.- The role of gamma delta T cells in the airways. J Mol Med, 2000; 78: 409-425.

Lee JW, Yook HS, Lee KH, Kim JH, Kim JW, Byun MW.- Conformational changes of myosin by gamma irradiation. Radiation Physics and Chemistry, 2000; 58: 271-277.

Lee JW, Kim JH, Yook HS, Kang KO, Lee SY, Hwang HJ, Byun MW.- Effects of gamma radiation on the allergenic and antigenic properties of milk proteins. Journal of Food Protection, 2001; 64: 272-276.

Lefrançois L, Puddington L.- Basic aspect of intraepithelial lymphocytes. immunobiology. Eds Orga PL, Lamm ME, Bienstock J, Mestecky J, Strober W, Mc Ghee JR. Mucosal immunology 2nd ed San Diego: Academic Press, 1999; pp413-428.

Leszczynska J, Szemraj J, Lukamowicz J, Zegota H.- The influence of gamma irradiation on the immunoreactivity of gliadin and wheat flour. European Food Research Technology, 2003; 217: 143-147.

Lifrani A.- Etude du risqué allergénique à différentes protéines alimentaires. Mise au point de souris allergiques à l'arachide, à l'albumine, à la caséine et la colle de poisson. Thèse de Doctorat. Ecole doctorale Abies. Institut National Agronomique Paris-Grignon, 2006; 123p.

Loo DDF, Zeuthen T, Chandy G, Wright EM.- Cotransport of water by the Na^+/glucose cotransport. Proc Natl Acad Sci U.S.A, 1996; 13367-13370.

Lopez-Fandino R, Villamiel M, Corzo N, Olano A.- Assessment of the thermal treatmant of milk durant continuous microwave and conventional heating. J Food Prot, 1996; 59: 889-892.

Lorentz A, Schwengberg S, Sellege G, Manns MP, Bischff SC.- Human intestinal mast cells are caple of producing different cytokine profiles: role of IgE receptor cross-linking and IL-4. J Immunol, 2000; 164: 43-48.

Lowry OH, Rosebrough NJ, Farr AL, Randal RI.- Protein measurement with folin phenol reagent. J Biol Chem, 1951; 193: 265-275.

Lundin BS, Karlson MR, Svebsson LA, Hanson LA, Dahlgreen UIH, Telemo E.- Active suppression in orally tolerated rats coincides with in situ transforming growth factor-beta (TGF-β) expression in the draining lymph nodes. Clin Exp Immunol, 1999; 16: 181-187.

Ma T, Verkman AS.- Aquaporin water channels in gastronintestinal physiology. J Physiol (Cambridge, U.K.), 1999; 517: 317-326.

Mac Donald TT, Montelone G.- Immunity, inflammation and allergy in the gut. Science, 2005; 307: 1920-1925.

Madara JL.- Maintenance of the macromolecular barrier at cell extrusion sites in intestinal epithelium: physiological rearrangement of tight junctions. The Journal of Membrane Biology, 1990; 2: 177-184.

Majamaa H, Isolauri E.- Evaluation of the gut mucosal barrier: evidence for increased antigen transfer in children with atopic eczema. J Allergy Clin Immunol, 1996; 97: 985-990.

Maleki SJ, Kopper RA, Shin DS, Park CW, Compadre CM, Sampson H, et al.- Structure of the major peanut allergen Ara h1 may protect IgE-binding epitopes from degradation. J Immunol, 2000; 164: 5844-5849.

Mamessier E, Botturi K, Magnan A.- T regulatory lymphocytes, atopy and asthma: a new concept in three dimension. Rev Mal Res, 2005; 22; 305-311.

Martin-Esteban M, Garcia-Ara MC, Banqué-Mola M, Boyano-Marinez MT, Martin-Munoz F, Diaz-Pena JM.- Evaluation of an extensively hydrolysed casein- whey protein formula in immediate cow's milk protein hypersensitivity. J Pediatr Gastroenterol Nutr, 1998; 26: 398-401.

Martinez Augustin O, Martinez de Victoria Munoz E.- Proteins and peptides in enteral nutrition. Nutricion Hospitalaria, 2006; 2: 1-13.

Mastroeni P, Chabalgoity JA Dunstan SJ, Maskell DJ, Dougan G.- Salmonella: immune response and vaccines. Vet J, 2001; 161: 132-164.

Masyuk AI, Marinelli RA, LaRusso NF.- Water transport by epithelia of the digestive tract. Gastroenterology, 2002, 122: 545-562.

Mather IA. A review and proposed nomenclature for the major proteins of the milk fat globule membrane. Journal of Dairy Science, 2000; 83: 247.

Matsuda T, Ishiguro H, Ohkubo I, Sasaki M, Nakamura R.- Carbohydrate binding specificity of monoclonal antibodies raised against lactose-protein maillard adducts. J Biochem, 1992; 111: 383-387.

Maynard F, Jost R, Wal JM.- Human IgE binding capacity of tryptic peptides from bovine α-lactalbumin. International Archive of Allergy and Immunology, 1997; 113: 478-488.

McPherson AJ, Gatto D, Sainsbury E, Harriman GR, Hengartner H, Zinkernagel RM.- A primitive T cell independent mechanism of intestinal mucosal IgA responses to commensal bacteria. Science, 2000; 288; 2222-2226.

Meinild AK, Klaerke DA, Loo DDF, Wright EM, Zeuthen T.- The human Na^+/glucose cotransport is a molecular water pump. J Physiol, (Cambridge U.K), 1998; 508: 15-21.

Miyajima I, Dombrowicz D, Martin TR, Ravetch JV, Kinet JP, Galli SJ.- Systemic anaphylaxis in the mouse can be mediated largely through IgG1 and Fc gamma RIII . Assessment of the cardiopulmonary changes, mast cell degranulation, and death associated with active IgE or IgG1-dependent passive anaphylaxis. J Clin Invest, 1997; 99: 901-914.

Mishra A, Hogan SP, Lee JJ Foster PS, Rothenberg ME.- Fundamental signals that regulate eosinophil homing to the gastrointestinal tract. J Clin Invest, 1999; 103: 1719-1727.

Molloy AM.- Folate bioavailability and health. International Journal of Vitamin and Nutrition Research, 2002; 72: 46-52.

Moneret-Vautrin DA.- Les allergies alimentaires et leurs modifications par les technologies agro-alimentaires. Cahiers Agricultures, 1997; 6: 21-29.

Moneret-Vautrin DA, Hatahet R, Kanny G.- Hydrolysats de protéines : Laits hypoallergéniques et formules extensivement hydrolysées. Bases immuno-allergologiques de leur utilisation dans la prévention et la traitement de l'allergie au lait. Arch Pédiatr, 2001 ; 8 : 1348-1357.

Moon S, Song KB.- Effect of γ-radiation on the molecular properties of egg white proteins. Food Sci Biotechnol, 2000; 9: 239-242.

Morali A.- Allergie aux protéines du lait de vache en pédiatrie. Revue Française des Laboratoires, 2004; 363: 47-55.

Morr CV, Ha EYW.- Whey protein concentrates and isolates: Processing and functional properties. Critical Reviews in Food Science and Nutrition, 1993; 33: 431-

476.

Mosmann TR, Sad S.- The expanding universe of T-cell subsets: Th1, Th2 and more. Immunol Today, 1996; 17: 138-146.

Mowat AM.- Anatomical basis of tolerance and immunity to intestinal antigens. Nat Rev Immunol, 2003; 3: 331-341.

Mueller DL, Jenkins MK.- Molecular mechanisms underlying functional T-Cell unresponsiveness. Curr Opin Immunol, 1995; 7: 375-381.

Murray J.- How the MHC selects Th1/Th2 immunity. Immunology Today, 1998; 19: 157-163.

Nagao F, Nakayama M, Muto T, Okumura K.- Effects of fermented milk drink containing Lactobacillus casei strain Shirota on the immune system in healthy human subjects. Biotechnology and biochemistry, 2000; 64: 2706-2708.

Nagaoka S, Futamara Y, Miwa K, Awano T, Yamauchi K, Kanamaru Y, Tadashi K, Kuwata T.- Identification of novel hypocholesterolemic peptides derived from β-lactoglobulin. Biochemical Biophysical Research Communications, 2001; 281: 11-17.

Nielsen S, Frokiaer J, Marples D, Kwon TH, Agre P, Knepper MA.- Aquaporins in the kidney: form molecules to medicine. Physiol Rev, 2002; 82: 205-244.

Niggemann B, Nies H, Renz H, Herz U, Wahn U.- Sensitizing capacity and residual allergenicity of hydrolysed cow's milk formulae: Results from murine model. Int Arch Allergy Immunol, 2001; 125: 316-321.

Nguyen TD, Canada AT.- Modulation of human colonic T84 cell secretion by hydrogen peroxide. Biochem Pharmacol, 1994; 47: 403-410.

Nolte H, Spjeldnaes N, Kruse A, Windelborg B.- Histamine release from the gut mast cells from patients with inflammatory bowel disease. Gut, 1990; 31: 791.

Oettgen HC, Martin TR, Wynshaw-Boris A, Drazen IM, Leder P.- Active anaphylaxis in IgE-deficient mice. Nature, 1994; 370: 367-370.

Ohlsson T, Bengtsson N.- Microwave technology and foods. Advances in Foods and Nutrition Research, 2001; 43: 65-140.

Oprins JC, Van Der Burg C, Meijer HP et al.- Tumor necrosis factor alpha potentiates ions secretion induced by histamine in a human intestinal epithelial cell line and in mouse colon: involvement of the phospholipase D pathway. Gut, 2002; 50: 314-321.

Osborn DA, Sinn J.- Soy formula for prevention of allergy and food intolerance in infants. Cochrane Database Systematic Reviews, 2004; 3: CD003664.

Österlund P, Smedberg T, hakulinen A, Heikkila H, Järvinen KM.- Eosinophil cationic protein in human milk is associated with development of cow's milk allergy and atopic eczema in breast-fed infants. Pediatr Res, 2004; 55: 296-301.

Paganelli R, Levinsky RJ, Atherton DJ.- Detection of specific antigen with circulating immune complexes: Validation of the assay and its application to food antigen-antibody complexes formed in healthy and food allergic subjects. Clin Exp Immunol, 1981; 46: 44-53.

Pan Y, Lee A, Wan J Covebtry MJ, Michalski WP, Shiel B, Roginski H.- Antiviral properties of milk and peptides. International Dairy Journal, 2006; 16: 1252-1261.

Panja A, Barone A, Mayer L.- Stimulation of lamina propria lymphocytes by intestinal epithelial cells: evidence for recognition of nonclassical restriction elements. J Exp Med, 1994; 179: 943-950.

Papiz MZ, Sawyer L, Eliopoulos EE, North ACT, Findly JBC, Sivaprasadaras R, Jones TA, Newcomer ME, Kraulis PJ.- The structure of b-lactoglobulin and its similarity to plasma retinol-binding protein. Nature, 1986; 383-385.

Paupe J, Paty EJ, de Blic, Scheinmann P.- L'allergie au lait de vache du nourrisson. Rev Fr Allergol Immunol Clin, 2001; 41: 424-436.

Pawankar R.- Gamma delta T cells in allergic airwaiys disease. Clin Exp Allergy, 2000; 30: 318-323.

Pecquet S, Bovetto L, Maynard F, Fritshé R.- Peptides obtained by tryptic hydrolysis of bovine beta-lactoglobulin induce specific oral tolerance in mice. J Allergy Clin Immunol, 2000; 105: 514-521.

Perdue MH, Chung M, Gall DG.- Effect of intestinal anaphylaxis on gut function in the rat. Gastroenterology, 1984; 86: 391-397.

Pessen H, Purcell JM, Farrell HM.- Proton relaxation rates of water in dilute solution of β-lactoglobulin. Determination of cross relaxation and correlation with structural changes by the use of two genetic variants of self-associating globular protein. Bioch Biophys Acta, 1985; 828: 1-12.

Pihlanto-Leppala A, Koskinen P, Piilola K, Tupasela T, Korhonen H.- Properties of whey proteins digests: concentration and characterization of active peptides. Journal of Dairy Research, 2000; 67: 53-64.

Poonyachoti S, Brown DR.- δ-opioid receptors inhibit neurogenic intestinal secretion evoked by mast cell degranulation and type I hypersensitivity. Journal of Neuroimmunology, 2001; 112: 89-96.

Porcelli S, Brenner MB, Band H.- Biology of human gamma delta T-cell receptor.Immunol Rev, 1991; 247-257.

Powell DW.- Intestinal water and electrolyte transport in physiology of the gastrointestinal tract (Johnson, LR., ed), Raven press New York, 1987; pp 1267-1305.

Prioult G, Pecquet S, Fliss I.- Allergenicity of acidic peptides from bovine b-lactoglobulin is reduced by hydrolysis with Bifidobacterium lactis NCC362 enzymes. International Dairy Journal, 2005; 439-448.

Rancé F, Bidat E. Toutes les allergies alimentaires ne se ressemblent pas. Allergie alimentaire chez l'enfant (Chap 5). Rancé F et Bidat E (Eds) Medecine et Hygiène, Genève, 2000: 210p.

Rautava S, Kalliomaki M, Isolauri E.- Probiotics during pregnancy and beast-feeding might confer immunomodulatory protection against atopic disease in the infant. Journal of Allergy and Clinical Immunology, 2002; 109: 119-121.

Reisfeld RA, Niethammer AG, Luo Y, Xiang R.- DNA vaccines suppress tumor growth and metastases by induction of anti-angiogenisis. Immunol Rev, 2004; 199: 181-190.

Renner E.- Milk and dairy products in human nutrition. München, Volkswirtschäftlicher Verlag, 1983; 450p.

Restani P, Plebani A, Velona T, Cavagni G, Ugazio AG, Poiesi C, Muraro A, Galli CL.- Use of immunoblotting and monoclonal antibodies to evaluate the residual antigenic activity of milk protein hydrolysed formulae. Clin Exp Allergy, 1996; 26: 1182-1187.

Revillard JP.- Immunologie. De Boeck-Wesmael SA (ed), Bruxelles, 1994: 361p.

Rocha MF, Sidrim JJ, Soares AM et al.- Supernatant s from macrophages stimulated with microcystin-LR induce electrogenic intestinal response in rabbit ileum. Pharmacol Toxicol, 2000; 87: 46-51.

Rocha MF, Aguiar JE, Sidrim JJ et al.- Role of mast cells and pro-inflammatory mediators on intestinal secretion induced by cholera toxin. Toxicon, 2003; 42: 183-189.

Rollema HH.- Casein association and micelle formation. In: Advanced Dairy Chemistry-1: Proteins. Fox PF (Eds), Elsevier Applied Science, London, UK, 1992; 111-140.

Romagnani S.- Immunologic influences on allergy and the Th1/Th2 balance. Journal of Allergy and Clinical Immunology, 2004; 113: 395-400.

Roncarolo MG, Gregori S, Levings M.- Type I T regulatory cells and their relationship with $CD_4^+CD_{25}^+$ T regulatory cells. Novartis Found Symp, 2003; 252: 115-127.

Rook GA, Brumet LR.- Microbes, immunoregulation and the gut, 2005; 54: 317-320.

Rothenberg ME, Luster AD, Leder P.- Murine eotaxin: an eosinophil chemottractant inducible in endothelial cells and in interleukin 4-induced tumor suppression. Proc Natl Acad Sci USA,1995; 92: 8960-8964.

Roth-Walter F, Scholl I, Untersmayr E, Fuchs R, Boltz-Nitulescu G, Weissenbock A, et al.- M cell targeting with Aleuria aurantia lectin as a novel approach for oral allergen immunotherapy. J Allergy Clin Immunol, 2004; 114: 1362-1368.

Roth-Walter F, Scholl I, Untersmayr E, Ellinger A, Boltz-Nitulescu G, Scheiner O et al.- Mucosal targeting of allergen-loaded micro-spheres by Aleuria aurantia lectin. Vaccine, 2005; 23: 2703-2710

Saarinen KM, Juntunen-Backman K, Järvenpää AL.- Supplementary feeding in maternity hospitals and the risk of cow's milk allergy: A prospective study of 6209 infants. J Allergy Clin Immunol, 1999; 104: 457-461.

Saarinen KM.- Risk factors and characteristics of cow's milk allergy. Doctoral thesis. Helsinki, Yliopistopaino, 2000; 72p.

Saïdi D, Khéroua O, Boudraa G, Touhami M, Kerroucha R, Chekroun A, Heyman M, Desjeux J-F.- L'intolérance aux protéines du lait de vache chez le nourrisson: Etude de la fonction intestinale. In: Alimentation, génétique et santé de l'enfant. Mahmoud Touhami et Jehan-François Desjeux éditeurs. L'Harmattan, Paris;1994: pp149-154.

Saïdi D, Heyman M, Khéroua O, Boudraa G, Byslma P, Kerroucha R, Chekroun A, Maragi JA, Touhami M, Desjeux JF.- Jejunal response to β-lactoglobulin in infants with cow's milk allergy. CR Acad Sci Paris, Life Sciences, 1995, 318 : 683-689.

Saïdi D.- Interaction entre les protéines du lactosérum bovin, l'épithélium intestinal et le système immunitaire sous muqueux du lapin sensibilisé et de l'enfant allergique aux protéines du lait de vache. Thèse de doctorat d'état ès Sciences Naturelles. Université d'Oran Es-Sénia, 1996 ; 232p.

Sakurai K, Oobatake M, Goto Y.- Salt-dependant monomer-dimer equilibrium of bovine β-lactoglobulin at pH 3. Protein Science, 2001; 10: 2325-2335.

Salminen S, Bouley C, Boutron-Ruault MC, Cummings JH, franck A, Gibson GR, Isolauri E, Moreau MC, Roberfroid M, Rowland I.- Functional food science and gastrointestinal physiology and function. Br J Nutr, 1998; 80: 147-171.

Sampson HA.- Update on the food allergy. J Allergy Clin Immunol, 2004; 113: 1920-1925.

Sanchez C, Frémont S.- Conséquences des traitements thermiques et de la formulation sur la structure et l'allergénicité des protéines alimentaires. Revue Française d'Allergologie et d'Immunologie Clinique, 2003 ; 43 : 13-20.

Sawyer L, Kontopidis G, Wu SY.- β-lactogobulin a three dimentional perspective. International Journal of Food Science and Technology, 1999; 34: 409-418.

Sawyer L, Kontopidis G.- The core lipocalin, bovine β-lactoglobulin. Biochimica Biophysica Acta, 2000; 1482: 136-148.

Schwab D, Muller S, Aigner T, Neureiter D, Kirchner T, Hahn EG, et al.- Functional and morphologic characterization of eosinophils in the lower intestinal mucosa of patients with food allergy. Am J Gastroenterol, 2003; 98: 1525-1534.

Schlimme E, Martin D, Meisel H.- Nucleosides and nucleotides : Natural bioactive substances in milk and colostrum. British Journal of Nutrition, 2000; 84: 59-68.

Schmidt DG.- Association of casein micelle Structure. In: developments in Dairy Chemistry-1, Fox PF (Eds) Applied sciences, 1982.

Schultz SG, Zalusky R.- Ion transport in isolated rabbit ileum. I. Short-circuit current and Na fluxes. J Gen Physiol, 1964; 47: 567-584.

Sedlik C.- Th1 and Th2 subsets of T lymphocytes: Characteristics, physical role and regulation. Bulletin de l'Institut Pasteur, 1996; 94: 173-200.

Seidler U, Lenzen H, Cinar A, Tessema T, Bleich A, Riederer B.- Molecular mechanisms of disturbed electrolyte transport in intestinal inflammation. Ann NY Acad Sci, 2006; 1072: 262-275.

Sélo I, Clement G, Bernard H, Chatel JM, Creminon C, Peltre G, Wal JM.- Allergy to bovine β-lactoglobulin: specificity of human IgE to tryptic peptides. Clinical and Experimental Allergy, 1999; 29: 1055-1063.

Shabo Y, Barzel R, Margoulis M, Yagil R.- Camel milk for food allergies in children. Immunology and Allergies, 2005; 7: 796-793.

Shi HZ.- Eosinophils function as antigen-presenting cells. J Leukoc Biol, 2004; 76: 520-527.

Sieber R, Eberhard P, Gallmann PU.- Heat treatment of milk in domestic microwave ovens. Int Dairy Journal, 1996; 6: 231-246.

Song CY, Chen WL, Huang JP, Mao SJ.- Epitope mapping of a monoclonal antibody specific to bovine dry milk: involvement of residues

66-76 of strand D in thermal denatured beta-lactoglobulin. J Biol Chem, 2005; 280: 3574-3582.

Spahn TW, Kucharzik T.- Modulating the intestinal immune system: The role of lymphotoxin and galt organs. Gut, 2004; 53: 456-465.

Spencer J, Isaacson PG, MacDonald TT, Thomas AJ, Walker-Smith JA. Gamma/delta T cells and the diagnosis of celiac disease. Clin Exp Immunol, 1991; 85: 109-113.

Smith LJ, Dobson CM, Van gunsteren WF.- Molecular dynamics simulations of human α-lactalbumin: Change to the structural and dynamical properties of the potein at low pH proteins. Structure, Function and genetics, 1999; 36: 77-86.

Smithers GW.- Isolation of growth factors from whey and their application in the food and biotechnology industries – a brief review. Bulletin of the International Dairy Federation, 2004; 389: 16-19.

Snobe Y, Nakane H, Watanabe T, Nakano K.- Regulation of Con A-dependent cytokine production from CD4+ and CD8+ T lymphocytes by autosecretion of histamine. Inflamm Res, 2004; 53: 87-92.

Spellberg B, Edwards JE.- Type1/Type2 immunity in infectious diseases. Clinical Infectious Diseases, 2001; 32: 76-102.

Spuergin P, Walter M, Schiltz E, Deichmann K, Forster J, Mueller H.- Allergenicity of a-caseins from sheep and goat. Allergy, 1996; 52: 293-298.

Stassen M, Muller C, Arnold M, Hulner L, Klein-Hessling S, Neudorfl C et al.- IL-9 and IL-13 production by activated mast cells is strongly enhanced in the presence of lipopolysaccharide: NF-kappa B is decisively involved in the expression of IL-19. J immunol, 2001; 166: 4391-4398.

Stenton GR, Vliagoftis H, befus AD.- Role of intestinal mast cells in modulating gastrointestinal pathophysiology. Ann Allergy Asthma Immunol, 1998; 81: 1-11.

Stevens TL, Bossie A, Sander VM, Fernandez-Botran R, Coffman RL, Mosmann TR, Vitetta ES.- Regulation of antibody isotope secretion by subsets of antigen-specific helper T cells. Nature, 1988; 334: 255-258.

Strobel S.- Oral tolerance, systemic immunoregulation and autoimmunity. Annals of the New York Academy of Sciences, 2002; 47-58.

Sütas Y, Hurme M, Isolauri E.- Down-regulation of anti-CD3 antibody-induced IL-4 production by bovine caseins hydrolysed with Lactobacillus GG derived enzymes. Scandinavian Journal of Immunology, 1996; 43: 687-686.

Svensson L, Lilliehook B, Larsson R, Bucht A.- Gamma delta T cells contribute to the systemic immunoglobulin E response and local B-cell reactivity in allergic eosinophilic airwaiy inflammation. Immunology, 2003; 108: 98-108.

Swaisgood HE.- Chemistry of milk protein. In: Fox F. Developments in Dairy Chemistry-1 Fox PE (Eds); Elsevier Applied Science: New York, 1982; pp63-110.

Takahashi T, Yamaushi K, Kaminogawa S.- Comparaison between the antigenicity of native and unfolded β-lactoglobulin. Agri Biol Chem, 1990; 54: 691-697.

Takeda K, kaisho T, Akira S.- Toll-like receptors. Annu Rev Immunol, 2003; 21: 335-376.

Till SJ, Francis JN, Nouri-Aria K, Path FRC, Durham SR.- Mechanisms of immunotherapy. Journal of Allergy and Clinical Immunology, 2004, 113; 1025-1034.

Tokita F.- Some reading on antigenic determinant of bovine milk proteins. Jpn J Dairy Sci, 1985; 34: 229-235.

Tu Y, Salim S, Bourgeois J, Di Leo V, Irvine EJ, Marshall JK, et al.- CD23-mediated IgE transport across human intestinal epithelium: inhibition by blocking sites of translation or binding. Gastroenterology, 2005; 129: 928-940.

Toseland CP, Clayton DJ, McSparron H, Hemsley SL, Blythe MJ, Paine K, Doytchinova IA, Guan P, Hattotuwagama CK, Flower DR.- AntiJen: quantitative immunology data base integrating functional, thermodynamic kinetic; biophysical and cellular data. Immunome Researches, 2005; 1: 4.

Untersmayr E, Jensen-Jarolim E. Mechanisms of type I food allergy. Pharmacology & Therapeutics, 2006; 112: 787–798

Ussing HH, Zerahn K.- Active transport of sodium as the source of electric current in the short-circuit isolated frog skin. Acta Physiol Scand, 1951; 25:110-127.

Usui T, Nishikomori R, Kitani A, Strober W.- GATA-3 suppress Th1 development by down regulation of stat 4 and not through effects on IL-12 R beta 2 chain or T-bet. Immunity, 2003; 18: 415-428.

Valero E, Villamiel M, Sanz J, Martinez-Castro I.- Chemical and sensorial changes in milk pasteurized by microwave and conventional systems during cold storage ? Food Chemistry, 2000; 70: 77-81.

Van Amelsfort JM, Jacobs KM, Bijtsma JW, Lafeber FP, Taams LS.- CD4+CD25+ regulatory cells. Rheumatoid Arthritis Rheumatism, 2004; 50: 2775-2785.

Van Houten N, Blake SF.- Direct measurement of anergy of antigen-specific T cell following oral tolerance induction. J Immunol, 1996; 157: 133-141.

Van Niel G, Raposo G, Candalh C, Boussac M, Hershberg R, Cerf-Bensussan N, Heyman M.- Intestinal epithelial cells secrete exosome-like vesicles. Gastroenterology, 2001; 2: 337-349.

Vasavada PC.- Microwave processing for the dairy industry. Food Aust, 1990; 42: 562-564.

Veres G, Westerholm-Ormio M, Kokkonen J, Arato A, savilahti E. Cytokines and adhesion molecules in duodenal mucosa of children with delayed-type food allergy. J Pediatr Gastroenterol Nutr, 2003; 37: 27-34.

Verheul M, Pedersen JS, Roefs SPFM, Kruif KG.- Association behaviour of native β-lactoglobulin. Biopolymers, 1999; 49: 11-20.

Vermout S, Denis M, Losson B, Mignon B.- Choix d'un adjuvant lors d'essais de vaccination. Ann Med Vet, 2003 ; 147: 393-401.

Villamiel M, Lopez-Fandino R, Corzo N, Martinez-Castro I, Olano A.- Effect of continuous flow microwave treatment on chemical and microbial characteristics of milk. Zeitstrift Fur Lebensmittel Untersuchung und Forschung, 1996a; 202: 15-18.

Villamiel M, Corzo N, Martinez-CastroI, Olano A.- Chemical changes during microwave treatment of milk. Food Chemistry, 1996b; 56: 385-388.

Viola S, Sarrio F.- Traitement diététique de l'allergie aux protéines du lait de vache. EMC-Pédiatrie, 2004; 1: 335-340.

Vukavic T.- Timing of the gut closure. J Pediatr Gastroenterol Nutr, 1984; 3: 700-703.

Wakefield AJ, Anthony A, Murch SH, Thomson M, Montgomery SM, Davis S, O'Leary JJ, Berelowitz M, Walker-Smith JA.- Enterocolitis in children with developmental disorders. Am J Gastroenterol, 2000; 95: 2285-2295.

Wal JM.- Structure des antigènes et des allergènes alimentaires. In: Navarro J, Schmitz J. Allergies alimentaires. Progrès en Pédiatrie, Doin (ed), Paris, 1993 ; pp42-53.

Wal JM.- Structure and function of milk allergens. Allergy, 2001; 56: 35-38.

Wal JM.- Thermal processing and allergenicity of foods. Allergy, 2003; 58:727-729.

Wal JM.- Allergies alimentaires: mécanismes physiopathologiques. Nutrition Clinique et Métabolisme, 2004; 18: 15-19.

Walker WA, Isselbacher KJ, Bloch RJ.- Intestinal uptake of macromolecules. Effect of parenteral immunization. J Immunol, 1973; 111: 221-226.

Walstra P.- The stability of casein micelles. Journal of Dairy Science, 1990; 73: 1965-1979.

Wardle TD, Hall L, Turnberg LA.- Platelet activating factors: release from colonic mucosa in patients with ulcerative colitis and its effects on colonic secretion. Gut, 1996; 38: 355-361.

Weiner HL.- Oral tolerance immune mechanisms and the generation of Th3-type TGF-b-secreting regulatory cells. Microbes Infect, 2001; 3: 947-954.

Weltman JK.- Update on histamine as mediator of inflammation. Allergy Asthma Proc, 2000; 21: 125-128.

WHO.- High-dose irradiation Wholesomeness of food irradiated with doses above 10 kGy. Who technical report series 890 (pp. 197). Caneva: World Health Organization, 1999.

Williams IR.- Chemokine receptors and leukocyte trafficking in the mucosal immune system. Immunol Res, 2004; 29: 283-292.

Wright EM, Loo DDF.- Coupling between Na^+, sugar and water transport across the intestine. Ann NY Acad Sci, 2000; 915: 54-66.

Worm M, Ehlers I, Sterry W, Zuberbier T.- Clinical relevance of food additives in adult patients with atopic dermatitis. Clin Exp Allergy, 2000; 30: 407-414.

Woods RJ, Pichaev AK.- Applied radiation chemistry. John Wiley and Sons, New York (USA); 1994.

Yalçin AS.- Emerging therapeutic potential of whey proteins and peptides. Current Pharmacological Design, 2006; 12: 1637-1643.

Yamaguchi Y, Suda J, Eguchi M, Miura Y, Harada N et al.- Purified interleukin 5 supprts the terminal differentiation and proliferation of murine eosinophilic precursors. J Exp Med, 1988; 167: 43-56.

Yoshikai Y.- The interaction of intestinal epithelial cells and intraepithelial lymphocytes in host defence. Immunol Res, 1999; 20: 219-235.

Young GS, Jolly PG.- Microwaves: the potential for use in dairy processing. Aust J Dairy Technol, 1990; 45: 34-37.

Yu LC, Perdue MH.- Role of mast cells in intestinal mucosal function: studies in models of hypersensitivity and stress. Immunol Rev, 2001; 179: 61-73.

Yu L, Yang PC, Berin MC Di Leo V, Conrad DH, McKay DM et al.- Enhanced transepithelial antigen transport in intestine of allergic mice is mediated by IgE/CD23 and regulated by interleulin-4. Gastroenterology, 2001; 121:370-381.

Zeiger RS.- Food allergen avoidance in the prevention of food allergy in infants and children. Pediatrics, 2003; 111: 1662-1671.

Zhenxing L, Hong L, Limin C, Jamil K.- The influence of gamma irradiation on the allergenicity of shrimp (Penaeus vannamei). Journal of Food Engineering, 2007; 79: 945-949.

Zsila F, Bikadi Z, Simohyi M.- Retinoic acid binding properties of the lipocalin member β-lactoglobulin studied by circular dichroism, electronic absorption spectroscopy and molecular modelling methods. Biochemical pharmacology, 2002; 64: 1651-1660.

Zsila F.- A new ligand for an old lipocalin: induced circular dichroism spectra reveal binding of bilirubin to bovine β-lactoglobulin. FEBS letters, 2003; 539: 85-90.

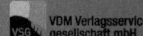